Die Kultur
der Eiche und der Weide
in Verbindung mit Feldfrüchten

zur Erhöhung des Ertrages der Wälder und zur Verbesserung der Jagd.

Die wilde Fasanenzucht
in der Garbe.

Von

Fr. Reuter,

Oberförster in den von Jagow'schen Forsten zu Garbe bei Wittenberge.

Herausgegeben

von seinem Sohne dem Kgl. Oberförster W. Reuter zu Siehdichum bei Müllrose.

Dritte neu bearbeitete und vermehrte Auflage.

Mit in den Text eingedruckten Holzschnitten.

Berlin 1875.

Verlag von Julius Springer.

Monbijouplatz 3.

Buchdruckerei von Gustav Lange (Paul Lange) in Berlin, Friedrichstraße 103.
ISBN 978-3-642-51289-6 ISBN 978-3-642-51408-1 (eBook)
DOI 10.1007/978-3-642-51408-1

Vorwort

zur

zweiten Auflage.

Als ich die erste Auflage dieser Broschüre schrieb, beabsichtigte ich nur eine kleine Mittheilung für die Gerberzeitung zu machen. Ein Separat-Abdruck dieses Aufsatzes, den ich gerne gestattete, wurde wider mein Erwarten so schleunig vergriffen, daß seit mehreren Jahren die häufigen Nachfragen und Aufforderungen, eine neue Auflage herauszugeben, mich endlich dazu bewogen, das Letztere zu thun.

Da die Weiden- sowie die Fasanenzucht, welche ich nur beiläufig erwähnte, ein nicht viel geringeres allgemeines Interesse wie die Eichenzucht zu haben scheint, so sind auch darüber meine Erfahrungen in dieser zweiten Auflage niedergelegt, und das Gebiet der Eichen, Weiden und Fasanenzucht nebst Vertilgung des Raubzeuges gesondert behandelt.

Da es mir an der nöthigen Zeit gebricht, habe ich meinen Sohn, welcher mit allen meinen Erfahrungen völlig vertraut ist, mit dieser Arbeit beauftragt, und mögen die geehrten Leser unsere Bestrebungen, meine Erfahrungen in der Garbe zusammenhängend darzustellen, und somit vielfachen Anforderungen zu genügen, als Solches aufnehmen.

Der Verfasser.

Vorwort

zur

dritten Auflage.

Nachdem auch die zweite Auflage dieser Schrift schnell vergriffen wurde und dieselben einer gütigen Beurtheilung sich zu erfreuen gehabt hat, so glaube ich im Sinne meines nunmehr verstorbenen Vaters zu handeln, wenn ich seine practischen Erfahrungen in einer dritten theilweise erweiterten Auflage dem geneigten Leser vorführe.

Juni 1875.

Der Herausgeber.

Inhalt.

Die Garbe.

Die Garbe, Eigenthum der Herren Gevettern von Jagow auf Pollitz, Anlosen und Crüden, liegt eine Meile unterhalb Wittenberge an dem linken Ufer der Elbe, und zwar so, daß das Revier im Osten und Norden von der Elbe, im Westen vom Alande begrenzt wird, folglich eine Landzunge zwischen Elbe und Aland ist. Das ganze Revier ist von einem niedrigen Sommerdeiche umgeben, in welchem vier Schleusen befindlich sind, durch welche das Revier bewässert und entwässert wird. Oft steigt das Wasser im Winter und Frühjahre 2 bis 3 Fuß über die Dämme, andernfalls aber werden in diesen Jahreszeiten die Schleusen geöffnet, und dadurch das Revier bewässert und wieder rechtzeitig entwässert. Das reichlich mit Senkstoffen gemischte Elbwasser ist bekanntlich sehr fruchtbar, führt aber auch bei starkem Eisgange viel Sand mit sich, besonders wo starke Strömungen stattfinden; jedoch ist auch selbst dieser mit Elbschlick gemischte Sand fruchtbar und belohnt allen Kosten- und Müheaufwand. Die Sommerverwallung habe ich erst seit 1846 angelegt; früher hatte das Wasser freien Lauf, und es kam nicht selten das ganze Revier im Sommer unter Wasser, welches selbstredend alle Benutzung und alle Kulturen hinderte oder störte. Höchst interessant ist es, den Unterschied in dem Zustande der Garbe von heute gegen früher, wo dieselbe nur eine kurze Strecke vom Elbwalle geschützt war, zu betrachten. An den ungeschützten Theilen richtete das in seinem Laufe ungehemmte Wasser oft unsäglichen Schaden an; es bahnte sich tiefe

Schlenken, riß den Boden auf und überschüttete bei jedem Hochwasser mehrere Morgen mit Treibsand. Die stärksten Eichen und Ulmen wurden durch Eisschollen vernichtet, und ich selbst habe gesehen, wie durch eine einzige Eisscholle von etwa 60 Morgen Größe sieben starke Bäume, vier Eichen und drei Ulmen, deren jede etwa 3 bis 4 Fuß im Durchmesser hatte und die auf einem ¼ Morgen großen Raume standen, wie Strohhalme zu Boden geworfen wurden. Diesen Anblick werde ich nie vergessen!

Jetzt, nachdem der Sommerwall vollendet und ein geschlossener Wald hergestellt ist, erscheint Alles verändert. Es ist überall gleichmäßiger Strom; das Land und besonders die Tiefen haben sich seit den 28 Jahren bedeutend aufgehöhet und die versandeten Theile sind durch Elbschlick verbessert worden; mit dem bekannten Höherwerden des Flußgrundes wächst auch zugleich das Land. Andere Feld- und Waldflächen der Nachbarschaft, welche niedrig gelegen und von so hohen Winter-Deichen und Wällen eingeschlossen sind, daß das Flußwasser solche Theile nicht mehr überfluthet, sind dadurch im Laufe der Zeit bedeutend schlechter geworden. Diese hoch eingedeichten Stellen aber sind doch nicht wasserfrei; denn wenn das Wasser etwa 14 Tage oder 3 Wochen an den Deichen hoch steht, so dringt es als klares Grundwasser in den Boden, laugt denselben aus, kann nicht wieder abfließen, kommt schließlich in Fäulniß und Gehrung und verschlechtert ihn dermaßen, daß er sowohl zum Getreidebau, als zu jeder anderen öconomischen Benutzung kaum halb so gut ist, wie früher. Es giebt hier Felder, die zwar ehemals den schönsten Boden hatten, aber nach der Eindeichung kaum des Bestellens werth sind. Während die Leute vor der Eindeichung gute Ernten machten und den damals milden Boden bequem mit 2 Pferden bestellen konnten, mögen sie jetzt den steifen lettigen Boden noch so viel düngen und sie ernten doch wenig und brauchen stärkere Gespannkraft. Kommt das Wintergetreide oder eine jüngere Waldanlage im Frühjahr unter Drängwasser, so ist es gewiß verloren, wenn auch das Wasser nicht einmal auf der Oberfläche des Bodens sichtbar ist, sondern ihn nur naß erhält; denn es tritt mit der Frühjahrswärme Fäulniß und Gehrung ein. Der Boden erhöhet sich nicht mit dem Flußbette des Stromes, sondern bleibt in gleicher Höhe, wie vor der Eindeichung; er wird aber von Jahr zu Jahr steifer und consistenter. Eben so nachtheilig, wie für die Acker- und Forstwirthschaft, wirkt die zu hohe Eindeichung auf den Ertrag der Wiesen. Wo früher die üppigsten Wiesen waren, erblickt man jetzt mit Moos bedeckte Flächen. — Aber nicht allein diesen Uebelstand bringen die hohen und engen Eindeichungen mit sich, sondern auch die schrecklichen und in der Neuzeit sich vermehrenden Deichbrüche, welche so manche früher wohlhabende Ortschaft verarmt und auch zerstört haben, Menschenleben und Hab' und Gut alljährlich auf das Spiel stellen, entspringen aus ihnen. Daß das Flußbette alljährlich höher wächst, aber das nicht inundirte Land nicht, ist der Wasserdruck auf die Deiche um so stärker, und desto mehr, je näher sie dem Flusse liegen, und wo starke Krümmungen und Ausbauchungen sind. Das Wasser muß einen weiteren Spielraum zu seiner Ausbreitung haben, fast alle Deiche liegen zu nahe dem Flußbette. Die Wasserlast ist zu groß; diese haben die niedrigen Sommerdeiche nicht zu tragen und wenn deren zwei in größerer Entfernung neben einander je nach dem Bedürfnisse der Bewässerung, oder die hohen Winterdeiche weiter vom Strome abzulägen, was Letzteres nicht ganz so gut ist, würden diese noch zunehmenden schrecklichen Unglücksfälle und Verschlechterungen der Flußgebiete aufhören. Solche Erfahrungen machen es rathsam, eine derartige Deichanlage, die doch sehr kostbar auszuführen und zu erhalten ist, wohl zu überlegen. Für das Vortheilhafteste halte ich immer die Sommerdeiche, die nur das im Sommer oft plötzlich eintretende Hochwasser abhalten.

Selten wohl hat ein Forstrevier so große Umwandlungen erfahren, als die Garbe, das in wenigen Jahren aus einem Urwalde von Eichen in Viehweiden und Wiesen verwandelt wurde, und eben so rasch wieder den blühendsten Bestand von Eichen und Weiden zeigt. Ich hatte mir nämlich die Aufgabe gestellt, mit Rücksicht auf Boden und Lage meinen Herren Vorgesetzten durch Anbau von Eichen einen höheren Ertrag zu verschaffen, als dies durch landwirthschaftliche Benutzung der Fall war. Dieser Plan ist mir zunächst durch den Anbau der Korbweiden mit Eichen, so hartnäckigen Widerspruch ich auch von den Herren Oeconomen anfänglich erfuhr, vollständig gelungen.

Am 1. Mai 1831 wurde mir die Verwaltung dieses Reviers, welche bis dahin nicht in den verständigsten Händen gewesen war, anvertraut. Es war 4540 Morgen groß, und sechs Güter und fünf Ortschaften hatten Hütungsrechte darin. Das Unangenehmste war, daß die Meisten in den Gemeinden so viel Vieh, wie sie wollten, von anderen Ortschaften annahmen. Es gingen Pferde, Kühe, Schweine und Gänse hirtenlos durcheinander. Im Frühjahre, sobald das Wasser fort war, wurde das Vieh in das Revier getrieben und im Herbste abgeholt. Deshalb mußten Garten, Dienstland des Försters und die wenigen, am Ufer der Elbe befindlichen, Weiden und Privatwiesen abgezäunt werden. Zum großen Glücke aber wurden i. J. 1838 diese Hütungsberechtigungen mit 1540 Morgen abgelöst.

Der Holzbestaud des Revieres war Eichen und Ulmen aller Art und Weiß-, Schwarz- und Kreuz-Dorn, wo bei den Letzteren sich Stämme befanden, welche 14 bis 16 Zoll stark waren. Die Eichenstämme waren größtentheils abständig, weil von jeher die Verkäufe an Holzhändler in der Art abgeschlossen wurden, daß man pro Stamm einen Preis von 6, 8 bis 10 Louis'dor bezahlen ließ, wogegen die Käufer berechtigt waren, sich im ganzen Reviere alle die Stämme auswählen zu dürfen, welche sie wollten. Daher kam es auch, daß die Eichen größtentheils zur Prüfung der inneren Beschaffenheit angebohrt waren. Brennholz war weiter nicht abzusetzen, als für die Consumtion der nächsten Umgegend, etwa für 4000 Thaler jährlich; aber noch eine größere Holzmasse stürzte aus Alter zusammen. Auch war es früher Sitte gewesen, daß nach stattgehabten Stürmen die Bauern kamen, um die umgestürzten Hölzer zu kaufen, wie sie lagen, welche ihnen dann für ein Billiges überlassen wurden. Besonders interessante Weißulmen fanden sich hier vor, an welchen sich Niemand vergriffen hatte, weil sie schlecht spalteten. Stämme von 5—6 Fuß Durchmesser, die 30—34 Klafter Holz enthielten, wurden, wenn sie umfielen, so wie sie lagen, meistbietend für 10—11 Thaler pro Stamm verkauft, und selbst zu diesen Preisen wollte sie Niemand haben.

In dem ganzen Reviere Garbe waren wenige Spuren zu finden, daß je eine Menschenhand etwas zur Erhaltung oder zum Anbau des Waldes gethan hätte; wohl aber war bekannt, daß seit hundert Jahren große Holzhauereien darin betrieben, und dabei immer die besten Stämme unter den Eichen ausgewählt waren. Wo Lücken entstanden, war die Waldfläche mit Dorn bezogen, in deren Schutz dann Ulmen aller Art aufwuchsen. Die Eichen schienen alle von einem Alter, etwa 300 Jahren zu sein.

Es wurde mir bald klar, daß die Benutzung des Reviers nicht so fortgehen dürfte. Wie es aber anfangen? Das Holz, sämmtlich abständig, verlor mehr an Werth, als es zuwuchs. Ich hielt es daher am vortheilhaftesten, Holzabsatz für diese alten Stämme zu suchen, was mir auch gelang. Es fand sich Brennholzabsatz nach Magdeburg und ich erhielt anfangs pro Klafter 3 Thlr. 15 Sgr.; bald aber besserte sich der Preis so, daß ich nach einigen Jahren schon 6 Thaler pro Klafter erhielt. Ebenso war dies auch der Fall mit dem Nutzholze. Ich fing es auf entgegengesetzte Weise an, wie meine Vorgänger, ich nahm das schlechteste Holz zuerst und verkaufte davon in 10 Jahren für 146,733 Thaler abständige Eichen und Ulmen, ließ dabei die Bäume selbst sorgfältig aufarbeiten und ausnutzen, und erlangte dadurch mehr, als den vierfachen früheren Ertrag. Zu meiner großen Freude fand ich Gelegenheit, an das Königliche Artillerie-Depot in Berlin große Posten zu Lafetten zu verkaufen, meist Rothulmen. Die schönste darunter, eine Art Bastardulme, enthielt 221 Kubikfuß Nutzholz, und außerdem noch 3½ Klafter Brennholz. Ein herrlicher Baum! Aehnliche Stämme waren viele vorhanden. Besonders auffallend war diese Spielart der Ulme, welche an Zähigkeit alle Holzarten, die ich kenne, übertrifft. Sie legt ihre Jahresringe verworren um den Stamm, förmlich wie ein Band, ein Jahr rechts, das andere links herum. Von diesem Holze ist es fast unmöglich, etwas abzuspalten; ich habe Enden von 1 Fuß Länge abschneiden, einen Keil neben den andern hineinschlagen lassen, und dennoch wollte der Klotz nicht spalten; dies Holz ist daher vortrefflich zu Wagennaben zu benutzen. Dem Wagenfabrikanten Stahlknecht zu Neuhaldensleben lieferte ich mehrere hundert Oesen zu Wagen, bei denen derselbe nicht nöthig hatte, die sonst gewöhnlichen und erforderlichen eisernen Ringe darum zu legen. Ich fuhr selbst einen von solchem Holze gefertigten Wagen 20 Jahre. Diese Ulmenart kommt nur auf einigen Stellen vor, so daß anzunehmen ist, daß sie daselbst nur von einem Stamme angeflogen ist.

Diese Angaben möchten nun hinreichend sein, um einen ungefähren Ueberblick über die Lage und Beschaffenheit des Reviers zu gewähren.

Die Eichenzucht in der Garbe.

Im Jahre 1838, als die Hütungsabfindung, die schon 16 Jahre lang im Gange gewesen war, und vor deren Durchführung ich keine Eichenkulturen vornehmen konnte, zu Stande kam, war ich sofort darauf bedacht, mit Ernst und Eifer Kulturen vorzunehmen. Wo es mir rathsam erschien, versuchte ich es mit der natürlichen Eichenbesamung und ließ den Boden in Schlägen durch Schweine, deren ich oft 1500 bis 1800 auf die Mast nahm, aufbrechen. Wo sich kein Aufschlag zeigte, und erscheinen konnte, ließ ich Rillen hacken und legte Eicheln hinein; aber bald sah ich, daß diese Methode keinen günstigen Erfolg hatte, weil der Gras- und Kräuterwuchs so überhand nahm, daß die jungen Eichen größtentheils darin erstickten. Wo größere Blößen im Walde waren, fing ich an zu pflügen, bauete einige Jahre Getreide darauf und säete dann im Frühjahre Eichen; aber auch hierbei fand ich zu meinem Bedauern, daß sich der Boden schon im ersten Jahre dermaßen mit Gras und Unkraut überzog, daß die jungen Eichen 4 bis 5 Jahre zu thun hatten, um den Kopf oben zu bekommen. Inzwischen fanden sich auch Hopfen und Winden in solcher Menge ein, daß ich zu kämpfen hatte, um die Eichen vor gänzlichem Verderben zu schützen. Ich versuchte daher auf eine andere Art meine Eichenkulturen anzulegen und nahm zu diesem Zwecke zunächst mehrere Blößen, nachdem ich sie urbar gemacht, einige Jahre zur Ackernutzung, und bauete im ersten Jahre Hafer, oder am liebsten Kartoffeln, um die Grasnarbe gründlich zu vernichten. Hatte ich es erreicht, daß der Boden rein war, so pflügte ich im Spätherbste oder Frühjahre zeitig Elbweiden unter, welche Methode ich später beschreiben werde, und ließ dann im Frühjahre Eicheln aussäen, und zwar 5 Scheffel auf den preußischen Morgen; demnächst ließ ich mit einer schweren Walze den Ort überziehen, und die Eicheln die dabei nicht bedeckt wurden, durch Kinder in den Boden eindrücken. Auf diese Weise habe ich herrliche Besamungen erlangt und aufzuweisen. Die kräftig ausschlagenden Weiden haben namentlich den Zweck, die Eichen gegen Graswuchs zu schützen, und dieser wird dadurch vollständig und ohne Kosten erreicht. Im zweiten und dritten Jahre ließ ich die Weiden schneiden und später jedes Frühjahr zu Korbweiden benutzen, bis die Eichen den Weidenstrauch unterdrückten, was schon in 8 bis 9 Jahren geschah. Ich habe eine auf diese Art angelegte Eichenbesamung vom Jahre 1842, aufzuweisen, welche eine durchschnittliche Höhe von 35 Fuß hat, und erlangte davon einen Ertrag aus den Weiden im dritten Jahre pro Morgen von 10 Thlr., im vierten bis achten Jahre an Korbweiden alljährlich pro Morgen 9 Thlr. (nach den jetzigen Preisen 16 Thlr.)

Die Erfahrung, daß unter dem Schutze von anderen schnell wachsenden jungen Holzarten, wie Birke, Hainbuche, Saalweide und dergleichen, welche den alle Niederschläge, Frische und Nahrung zu sich nehmenden und verschließenden Grasfilz ersticken helfen, die junge Eiche mit aufgenommen wird und sich erhält, ist ja bekannt; und in allen wilden Eichensaaten ist solches Zwischenholz eine erfreuliche Mitgabe, sobald die pflegende Hand zeitweis mit dem Beile und Messer die in zu dunkelen Schluß und zu hoch gerathenen Zwischenhölzer auf die Wurzel setzt resp. köpft. Die junge Eiche erträgt ja sogar einen Druck von *jungem* Holze mit vorzüglicher Zähigkeit und überwindet denselben gar schnell nach dem Freihiebe, wenn auch wohl mitunter der Eindruck anfangs nicht der beste sein sollte.

Die vortheilhaftesten und billigsten Eichenkulturen aber habe ich auf folgende Weise ausgeführt: Ich gebe die Fläche, welche ich besamen will, an bedürftige Forstarbeiter, die ich als rechtliche Leute kenne, und lasse die Kulturfläche von ihnen im Herbste und Winter, wenn es dann angeht, umgraben. Im Frühjahre wird Leinsamen oder auch andere Sommersaat darauf gesäet, und ist dann dieser Same eingeharkt, so werden sogleich Eicheln in Rillen auf 4 Fuß Weite eingelegt, so daß jedem Einleger eine Strecke zugetheilt ist, wo er auf 1 Fuß jedesmal 2 gute Eicheln vermittelst einer kleinen Hacke einen Zoll tief in die Erde bringen muß. Nachdem der Flachs später ausgezogen, oder die Ernte gemacht ist, stehen die Eichen ungehindert da. Jetzt müssen die Leute selbige vom Kraute reinigen und den ganzen Boden aufhacken. Im 2. und 3. Jahre lasse ich wieder zwischen den Eichen umgraben und mit Hackfrüchten, z. B. Kartoffeln, Bohnen, Rüben und Kohl aller Art besetzen. Für diese unentgeltliche Fruchtnutzung hat jeder die Eichen rein zu halten.

Auf diese Weise habe ich gar keine Kulturkosten und dabei die schönsten Eichenbesamungen, wo dreijährige Loden oft 5 Fuß hoch und 1 Zoll stark sind, und habe ich dadurch zugleich seit einer Reihe von Jahren nahe an 180 Familien die größte Wohlthat erwiesen. Dieselben sind dafür höchst dankbar und beweisen dies auch dadurch, daß sie förmlich wetteifern, daß der Eine einen noch besseren Eichenbestand abliefere, als der Andere. So bessere ich auch alle Lücken und Blößen im Walde aus. Das Interesse der Arbeiter an diesem Fruchtbau im Walde wird nur dadurch einigermaßen beeinträchtigt, daß mit der Zunahme der Eichen- und Weidenkulturen sich die Fasanen und anderes Wild, die ein solches Terrain lieben, allzusehr vermehrt haben, und ihren Früchten manchen Schaden zufügen.

Möge doch jeder Waldbesitzer dem Arbeiterstande auf diese Art Wohlthaten erweisen, wozu sich in vielen Forsten Gelegenheit darbietet; woneben er dann selbst noch erhebliche Vortheile für sich zu erzielen vermag. Auch manchem dürftig gestellten Förster würde Gelegenheit gegeben werden können, seiner Familie ein besseres Durchkommen zu sichern, und zugleich seinen Vorgesetzten einen höheren Ertrag aus der ihm anvertrauten Forst zu verschaffen; und wo wäre wohl Jemand, der nicht auf diese Weise durch Fleiß und Treue dem Waldbesitzer seine Dankbarkeit zu beweisen bestrebt sein sollte?

Ich habe viele Beweise, daß das Behacken, resp. der Zwischenbau auf das Gedeihen der Eiche einen enormen Einfluß ausübt. Zuweilen mußten Strecken liegen bleiben, weil sich keine Gelegenheit darbot, sie zum Fruchtbau fortzugeben. Da zeigte sich denn bald der Unterschied, daß die jungen Eichen auf den unbebauten Flächen nicht halb so hoch und kräftig wurden, wenn auch der Boden von gleicher Güte und Beschaffenheit und die Vorkultur bis zur Aussaat der Eicheln dieselbe war. Der Unterschied ist in meinen ältesten Kulturen noch jetzt erheblich zu erkennen.

Anderen Orts, wo man nach gewöhnlicher Manier die Eichen gelegt und dann der Natur und sich selber überlassen hat, wo man schon den Muth aufgab, Eichen zu erziehen, weil sie den Kampf mit dem Unkraute oder anderen Hölzern schlecht bestanden, man wohl gar vor Ungeduld zum anscheinend besser rentirenden Nadelholze seine Zuflucht nehmen wollte, war ich so glücklich, manchen sich quälenden Eichen-Jungwuchs zu retten und zu fördern durch einfachen Zwischenbau von Früchten, resp. Behacken, oder in dicht gesäeten Orten sogar durch forcirten Schweineeintrieb.

Selbst auf dem schlechtesten Boden, wo nicht einmal mehr Hackfrüchte, wie z. B. die weiße Mohrrübe, fortkommen, verfehlt das Behacken seine Wirkung nicht. Hier baue ich dann die Lupine öfter hinter einander, und es ist erfreulich zu sehen, wie gerade diese Frucht sich herrlich zum Anbau zwischen Eichen auf schlechtem Boden eignet. Sie giebt denselben in der Jugend Schatten, unterhält ihren Schluß und erhält den Boden feucht. Wird dann der Lupinensamen, sobald er reif ist, abgenommen und bleibt das Stroh stehen bis zum nächsten Frühjahre, so unterdrückt dies wieder den Graswuchs und schützt auch sogar die jungen Eichen im ersten Jahre vor dem Erfrieren und vor dem Verschütten durch Sandwehen.

Ueberhaupt habe ich auf anderen Bodenverhältnissen, wo ich vielfach aufgefordert wurde, Eichen und dergleichen Kulturen anzulegen, erfahren, daß es weniger auf die Art der Früchte ankommt, welche ganz nach Verhältniß gewählt werden kann, als auf die Vernichtung des Grases, Lockerung des Bodens und somit das Aufschließen desselben. Ich habe schon jede Frucht, den dichtesten Raps, Korn, welches im ersten Jahre etwas hoch mit der Sense gehauen werden kann, Tuchkarden und dergl. mit bestem Erfolge angebauet. Wo z. B. Spätfröste, welche solche kräftig erzogene Eichen zwar schnell verwachsen, herrschen, war es sogar zum Schutze der kleinen Eichen sehr dienlich, wenn hohe Früchte gebauet wurden; es kann der Spätfrost, welcher in den sonst meist lückigen und ungleich hohen Eichenschonungen sich leicht festsetzt, auch schon deshalb nicht so sich entwickeln, als ich durch diese Methode ganz gleichmäßige Bestände stets erzogen habe. Da bei Hackfrüchten zwar der Boden öfter gelockert, und von Unkraut gereinigt wird, so haben diese die schönsten Erfolge gelehrt, welche ich aber auch bei anderen Früchten annähernd dadurch erreiche, daß die Nießbraucher nach der Ernte zu jeder Seite einer Eichenreihe den Boden 2 Fuß breit umhacken. Ich halte streng darauf, daß besonders bis dicht an die Eichenstämmchen gehackt oder gegraben wird, wenn auch dabei einige derselben eine Verletzung erhalten. Die Verletzung und das Abhauen einiger Wurzeln bei der Gelegenheit habe ich immer für vortheilhaft gefunden, indem an diesem Punkte der sonst sehr langen rübenförmigen Eichenwurzeln sich eine Menge Zaserwurzeln bilden, welche zur besseren Ernährung beitragen. Dieser Umstand bietet mir auch die Gelegenheit, daß ich die schönsten Pflanzeichen erziehe, welche ich bei nahem Verbande der Reihen, reihenweis, eine um die andere, bei weiterem Verbande, in kurzen Absätzen von circa 8 Fuß herausnehmen kann. Do solche Eichen sehr gesucht wurden, so hatte ich jährlich einen bedeutenden Absatz daran.

Auch noch eine andere Kulturmethode habe ich seit Jahren ausgeführt: Ich nehme die Fläche, welche ich mit Eichen besamen will, einige Jahre untern Pflug und suche den Boden durch Fruchtbau erst vom Unkraute zu reinigen, entweder durch Kartoffeln, oder am liebsten durch Säen von Flachs. Wird die Frucht zeitig genug abgeerndtet, um die Fläche noch zum Rapspflügen bearbeiten zu können, so wird Raps eingesäet. Bleibt der Raps dann im Winter vom Froste verschont, so lege ich auf 6 Fuß weite Rillen Eicheln nach einer Schnur in den Boden. — Ich lege auch auf mürbem Boden die Eicheln in Stecklöcher, welche dadurch gemacht werden, daß ein Arbeiter eine beschwerte Karre, in deren Rad auf der Peripherie Holzzapfen eingelassen sind, an der Schnur entlang zieht. — Diese Eicheln gedeihen unter dem Raps sehr gut. Ist derselbe abgeerndtet, so wird zwischen den Eichenrillen, wenn sich zum Graben nicht hinreichend Leute finden, wieder gepflügt, im nächsten Frühjahre nochmals, und Senf, Dotter oder dergleichen gesäet. In den ersten beiden Jahren kann man, wenn es vorsichtig geschieht, querüber den Senf- und Dotter-Samen untereggen lassen, ohne den Eichen gefährlich zu schaden; im dritten aber kann es nicht mehr geschehen. Dann lasse ich in der Mitte der sechsfüßigen Eichenreihen eine Reihe Weiden unterpflügen, und lasse von Arbeitern, welche, wie schon früher gesagt, Eichen und Weiden rein halten müssen, noch zwei Reihen Kartoffeln dazwischen pflanzen. Hierdurch erziele ich ebenfalls herrliche Besamungen.

Da sich bei dieser Methode ergab, daß die Eichen so schnell wuchsen, daß die beabsichtigte Weidenzwischennutzung zu kurze Zeit währte, so kam ich dahin, die Eichen-Reihen 8—12 Fuß entfernt zu machen, und zwischen den einjährigen Eichen-Reihen 5—7 Fust breite Weiden-Streifen unterzupflügen; damit aber das Unkraut nicht Ueberhand nahm noch ein Jahr zwischen den Eichen und Weiden, wie früher, Hackfrüchte zu bauen. Unter dem Schutze der sie oft bis 10 Fuß überragenden Weiden wachsen die Eichen sehr gut und schlank auf. Dabei habe ich den Vortheil der Weidennutzung auf längere Jahre, welcher mit dem der ersten Durchforstung in Eichen gar nicht in Vergleich kommen kann. Ich schneide die Weiden nach zwei Jahren zum ersten Male und dann alle Jahre; was mir ungeheure Erträge, pro Morgen 14—16 Thlr. jährlich einbringt, die erst im 6. Jahre der Eichen allmälig zu schwinden beginnen und etwa im 10. aufhören. Sind nun die Eichen so hoch, daß sie die einjährigen Weidenschüsse um ca. 2 Fuß überragen und sich deshalb in der Krone breiter machen, so lasse ich die Weiden zwei Jahre lang stehen, dann 3 und 4 Jahre lang zu den schönsten Bandstöcken heranwachsen, bis die Eichen in Schluß gerathen sind und die später aufgeführten reichen Durchforstungserträge liefern. Die erste Durchforstung mache ich mit dem letzten Schnitte zugleich etwas stark, so daß sich noch einmal einzeln und horstweis die Weidenausschläge durchzwängen und zu Bandstöcken erwachsen.

Um die Nachfragen nach jungen Pflanzeichen zu befriedigen, pflege ich auf kleinen Orten in 4 Fuß entfernten Reihen zweijährige Eichen zu erziehen, und dann eine Reihe um die andere zum Verkaufe herauszunehmen, den dadurch entstandenen 8füßigen Balken aber mit Weiden sogleich anzulegen.

Nachdem nun die Pflege der Eiche durch den Zwischenbau ihr Ende erreicht hat, mit welcher ich es allerdings auf meinem guten Boden dahin bringe, daß die 13jährigen ca. 32 Fuß hoch sind und 3—4 Zoll in Brusthöhe haben und die nicht so gepflegten, bei denen nur Vorkultur aber kein Zwischenbau betrieben wurde, anfangs unter, später wenig über der halben Höhe stehen, so beginne ich mit der Bestandspflege und Ausnutzung durch die Durchforstung.

Soweit es die Arbeitskräfte erlauben, durchforste ich im Frühjahre und schäle das Material, wofür ich pro Centner Rinde 2 Thlr. 5 Sgr. bekommen habe. Leider sind die nöthigen Kräfte nicht zu beschaffen und muß ich deshalb auch im Winter durchforsten, wo ich die jüngsten Orte vornehme und auch wohl in den älteren eine Vordurchforstung des schwachen Zeuges mache, wo ich genügendes Material zu Bandstöcken für Zuckerfässer und dergleichen finde und wonach ebenfalls eine bedeutende Nachfrage ist. Da beim Schälen der Eichen die Rinde im Bestande nicht getrocknet werden kann, gebe ich einen Accordsatz von 1 Pf. pro Centner grüner Rinde, lasse dieselbe dann in's Freie vor einen langen Schuppen fahren, daselbst auf Bänken von geschälten Stangen trocknen. Nur beim Regen trockne ich unter den Schuppen.

Mein Hauptgrundsatz der Eichendurchforstung ist, zeitig, schon im 7. oder 8. Jahre zu beginnen und alle 3 Jahre, später alle 5 Jahre wiederzukehren. Dadurch erziele ich, daß jede Eiche wie im Pflanzgarten ihren bedürftigen Wachsraum erhält, nie in Stocken geräth, und das was ich herausnehme an anderen erwerthvolleren Stämmen als Nutzholz heranwächst. Ich erhalte mehr Zuwachs an Holz, als wenn die Durchforstungen selten geschehen oder gar ausbleiben, und habe ich nur gesunde auswählte Stämme. Am meisten habe ich gefunden, daß der Bestand auf weniger gutem Boden an mangelnder öfterer Durchforstung ganz besonders leidet. Dort thun sich weniger kräftige Individuen hervor, es ist ein gleichmäßiger Wuchs, der Bestand kommt in's Gedränge, die Krone verliert die volle Form im Vergleich zur Höhe des Stammes, der Wuchs stockt, die Stämmchen werden schwächlich, dünn, und dieser Fehler ist sehr schwer wieder gut zu machen, er klebt dem Bestande eine Ewigkeit an. Deshalb fürchte man sich nicht, zeitig da, wo die Eichen im Verhältniß ihrer Höhe anfangen zu dicht zu stehen, die überzählige Menge herauszunehmen, ob sie den Kopf oben haben oder nicht; die anderen sind nach einigen Jahren dafür doppelt dankbar. Wo der Boden besser ist, zeichnen sich die besten Stämme deutlicher aus und nehme ich stets die heraus, welche halb überwachsen sind oder bessere Stämme beengen. Nach einem Jahre ist wieder dichter Schluß. Dabei nehme ich auch keine Rücksicht, ob einmal ein Stamm dominirt, hat er eine schlechte Kronenform, so nehme ich den Baum zeitig fort. Die Lücke zieht sich schnell genug wieder zu; wenn nicht die nebenstehenden Eichen wie gewöhnlich sie schließen, so findet sich Rüstern Wurzelbrut oder Anflug, ähnlich der Aspe ein und schiebt in der Lücke in die Höhe, oder es kommen Dornen, Brombeeren zum Vorschein, welche wegen der Jagd erwünscht sind. An solchen Stellen, wo sich nach den Durchforstungen Rüstern Wurzelbrut zeigt, durchforste ich gleich darauf stärker und erziehe dadurch wieder gemischte Bestände, wie sie die Natur uns übergeben hat. Es ist eigenthümlich, daß die Ulme hier auf Boden, der rein von Unkraut durch Dorn, Weiden, Eichen gehalten wird, unter diesen theils anfliegt, theils durch Wurzelbrut sich wieder von selbst mit gewaltiger Zähigkeit im Schattenertragen einfindet und giebt man ihr dann nur ein wenig Luft, so ist der schönste geschlossene Ulmen-Horst da, der es dann im Wuchs mit jeder Holzart aufnimmt, die Eichen bedeutend übertrifft. Wenn ich versuchte, die Ulme durch Saat einzumischen, so verschwanden die kleinen

Pflänzchen stets im wuchernden Unkraute, wo aber in Dornenhorsten sich junger Anflug erhalten hatte, welcher in den Eichensaaten geschont wurde, so wurden sie bald in lästiger Weise vorwüchsig, so daß ich jetzt die Einmischung der Ulme mittelst stellenweiser starker Durchforstung auf's Beste erziele. Da die Ulme immer mehr in den Waldungen verschwindet und ich den Cubikfuß zu Lafetten mit 20 Sgr., zu Naben von 7—14 Zoll Durchmesser und 3 und mehr Fuß Länge mit 15 Sgr. verkauft habe, so liefert sie für die Zukunft bei ihrem schnelleren Wuchse als die Eiche jedenfalls einen eben so hohen Ertrag als diese; wenn nicht einen höheren.

Bei Gelegenheit der Erziehung gemischten Holzes, erlaube ich mir noch einige Erfahrungen beizufügen, welche ich auf anderen Standorten machte. Nur in Ausnahmefällen habe ich gefunden, daß die Eiche mit gleichaltrigem anderem dort heimischem Holze, besonders in wilder Waldkultur, gleichen Wuchs zeigte, sie wurde in der Jugend meist von allen überwachsen und hat man stets seine Noth mit theuren Aushieben und Leuterungen, welche noch gern auszuführen sind, wenn die Mischhölzer auf die Wurzel gesetzt werden können oder doch eine gute Ausschlagsfähigkeit besitzen. Wo aber die Kiefer gleichmäßig eingemischt ist, da ist nachher guter Rath theuer; soll man reine Eichen oder reine Kiefer halten. Will man beide pflegen und lichtet die Kiefer nothwendig stark, so wird aus beiden nicht viel, will man aber entschieden die Eiche vor der bald gar zu sehr vorwüchsigen Kiefer retten, so muß diese fallen, bevor sie recht verwerthbar ist und der Bestandsschluß ist gebrochen. Bei der beabsichtigten Kiefern-Mischung mit der Eiche sah ich nur die horstweise von $^1/_8$ und mehr Morgen groß mit glücklichem Erfolge, wo die Eiche auf den frischen und besten Bodenstellen rein angebauet und erst später, nachdem die Eiche mehrere Fuß hoch war, die Kiefer dazwischen angebauet wurde; sie überholte die

Eiche doch und muß man an den Horst-Rändern oft mit dem Beile nachhelfen. Es stellen sich auch weniger, für die Eiche verderbliche Frostlöcher ein, und das Wild kann sich nicht so stecken, wie in den vorwüchsigen Kiefern, von denen aus es die Eichen abäset.

Man findet auch in manchem gleichmäßig gemischt angelegtem Eichen- und Kiefern-Orte auf den frischen und lehmigen Bodenstellen sich gar lange unter der längst voraus geeilten Kiefer einen Eichenhorst erhalten und langsam, ja bis ins späte Alter weiter wachsen. Wenn man hier nicht zu spät mit dem Aushiebe der Kiefer beginnt und diesen periodisch fortsetzt, wird man große Freude in dankbarem Wuchse seiner Eichen erleben. Immer aber wird man nur horstweis, selten einzeln der Eiche helfen können.

Was den Einfluß der Kiefer auf den Boden für die Eiche anbetrifft, habe ich bei meinem Schwager in Ramstedt besonders Interessantes gesehen, und möchte ich wünschen, daß anderen Orts meine Herren Fachgenossen darüber weitere Untersuchungen machten. Daselbst wird für die Anlage von Eichen-Schälwald der oft verangerte Sand-Boden mit schönstem Erfolge rajolt; es ist aber bis in's spätere Alter den Eichen anzusehen, wo vorher Kiefern gestanden hatten, wie abgeschnitten stehen sie denen, wo vorher Laubholz, Gestrüpp oder auch Blöße war, bedeutend nach. Und solche Beispiele sind viele dort.

Mir scheint die Eiche hauptsächlich die Mischung mit Laubholz zu wünschen, bei dem man die Läuterung mit gleichzeitiger Erhaltung des Mischholzes in der Hand hat; aber auch hier ist horstweise Mischung weniger Verlegenheit bringend. Eine gute Mischung sah ich in Schleswig, wo ein Eichenstangenort bis zu ca. 30 Fuß Höhe rein erzogen war und nun in dem Bestande Streifen von 2 Ruthen Breite durchgehauen waren; dann solche von derselben Breite dazwischen stehen blieben. Die ausgehauenen Streifen, deren Material durch Schälen hochverwerthet war, waren bereits wieder durch Buchen in Bestand gebracht, welche nach kurzer Zeit die Eichen einholen werden und sich mit ihnen verträglicher mischen. Dort sah ich dann auch wieder einen älteren Ort, in welchem etwa 140jährige Eichen mit voller Krone und in gesunder Nutzholzreicher Form in lichtem Schluß, wie etwa ein zum zweitenmale gelichteter Buchenlichtschlag sich befanden. Darunter schien man vor etwa 60 Jahren Buchen angelegt zu haben, welche auf den Lücken, zwischen den Eichen bereits den Schluß mit Bescheidenheit herstellten, unter den Eichen aber niedriger waren, den Boden decken halfen und das Fortwehen des Laubes hinderten. Das war ein Bestand, über den man frohlocken konnte; hier hatte die alte Eiche einen warmen Fuß und freien Kopf.

Aehnlich so behandele ich auch meine Eichen, sobald sie die örtliche natürliche höchste Höhe, über die hinaus ich sie nicht gewaltsam zwänge, erreicht haben. Ich stelle sie allmälig lichter in der Durchforstung, lege sie in Weideschonung, so daß sich bald ein dichtes Unterholz von Rüstern und Dornen anfindet, von welchem bei zunehmender starker Lichtung vom 60. Jahre an auf den Lücken sich die Rüstern stufenweis einschieben. Leider haben meine Vorgänger mir nur einzelne kleine Orte dieser Altersklasse übermacht.

Wunderbar zu schauen ist es, wie seit geraumer Zeit die Kiefer überall die Eiche verdrängt hat, trotzdem jene doch so vielen Unglücksfällen ausgesetzt ist, so daß man keine Stunde sicher ist, durch Feuer oder Raupenfraß Tausende von Morgen Forst zu verlieren. Man sollte glauben, schon dies allein wäre ein sehr zu beherzigender Umstand, welcher der Eiche, wie überhaupt allen Laubhölzern, zur Empfehlung dienen müßte, selbst wenn wirklich Laubholzwald etwas weniger aufbringen sollte. Viele Forstmänner sind zwar der Ansicht, daß die Eiche nicht mehr recht gedeihen wollte. Nach meiner Erfahrung ist indeß diese Ansicht nicht richtig. Es giebt in Deutschland wenig Boden, mit Ausnahme des nassen, sauren und zu trocknen, auf welchem auch jede andere Halzart schlecht oder gar nicht fortkommt, auf dem nicht die schöne Eiche noch gedeihe. Man sieht sie sogar auf hohen Sandwehen, die durch Winde zusammengetrieben sind; und ich kenne Orte, z. B. bei Wittenberge, deren Sandwehen wohl manchem durch die Eisenbahn bekannt sind, auf denen, wo nicht einmal ein Grashalm, geschweige denn Holzarten zu finden sind, Eichen noch gut fortkommen; wie ich auch durch einen Versuch daselbst bewiesen habe.

Seit dem ersten Erscheinen dieser Broschüre habe ich die Freude, zu sehen, wie auch an der Eisenbahn von Berlin nach Hamburg Versuche mit der Anlage der Eiche gemacht worden sind. Möge man nur weiter fortfahren, auch in den ebenen Lagen und Aufhöhungen, nicht ausschließlich auf den Böschungen, wo alle tragbare Erde fehlt. Man möge nur nicht den Muth verlieren, das Hacken, den Zwischenbau nicht vergessen und einen sachkundigen strebsamen Menschen dazu anstellen, dessen Thätigkeit sich reichlich lohnen wird. Mit löblicher Ordnung und schönem Erfolge sieht man an der Bahn von Berlin nach Frankfurt a. O. auf dem Sande in den Kiefernbeständen Eichen in ausgedehnterem Maße erziehen. Möge daraus jeder Reisende im Fluge ein Andenken mitnehmen und nur einen verständlichen Blick thun. Auch bei Köln sieht man an der Bahn solche Anlagen.

Es würde natürlich nicht richtig sein, wenn man auf schlechtem, flachgründigem und trockenem Boden Eichen-Hochwald erziehen wollte; aber gerade auf solchen Stellen ist mit dem größten Vortheile Eichen-Schälwald anzulegen, weil die Eiche, wenn sie auf die Wurzeln gesetzt ist, in den ersten 15 Jahren nicht nur auf solchem Boden kräftig wächst, sondern auch der Erfahrung gemäß $^2/_3$ mehr und schönere Borke giebt, wie die auf gutem

Boden gewachsene Eiche. Meiner Ueberzeugung nach kann von einem Morgen solcher Eichen, die auf dem schlechtesten Boden fortkommen, jährlich 1—1½ Centner Borke gewonnen werden. Der Centner kostet jetzt ca. 2 Thlr. 15 Sgr.; mithin hat man ca. 2—3 Thlr. pro Morgen Ertrag, ohne das Holz in Anschlag zu bringen, was in vielen Gegenden fast eben so viel werth ist. Angenommen, der Boden sei so schlecht, daß ein Schälwald nicht ohne Rajolen auf 2—3 Fuß Tiefe anzulegen sei, was, hoch gerechnet, für den Morgen 25 Thlr. kommen würde, so bringt er in fünfzehnjährigem Umtriebe jährlich 2 Thlr. oder in 15 Jahren 45 Thlr. auf, wobei ein Kapital noch immer gut und sicher angelegt ist. In den meisten Fällen wird der Ertrag namentlich nach Rajolen aber höher werden, ohne die vielen Nebenvortheile zu berücksichtigen, die außerordentlich für jeden Privatmann damit verbunden sind. Er erzielt damit kleine Nutzhölzer zu Wagendeichseln, Leiterbäumen u. dergl., die täglich in allen Wirthschaften gebraucht werden, und woran häufig auf den meisten Stellen großer Mangel ist. Es gewinnt die Jagd und der Ort an Schönheit. Aber auch nicht auf jedem Boden ist das Rajolen nothwendig und bei mittelmäßigem genügt schon das Spatpflügen oder Umgraben vollständig, wodurch die Kultur schon pro Morgen mit 8—10 Thlrn. zu bewerkstelligen ist.

Im Jahre 1853, als ich bereits 700 Morgen der schönsten Eichenkulturen angelegt hatte, kam ich auf die Idee, Schälwald anzulegen, obgleich ich nicht leugnen kann, daß ich lange mit mir gekämpft habe, ehe ich zur Ausführung schritt. Die schönen Eichen abzuhauen, schien mir nicht möglich, und doch ließ mir der Gedanke, daß Schälwald eine schöne Rente bringen müsse, keine Ruhe. Aber wo gründliche Auskunft und Belehrung darüber gewinnen? Hier in unserer Gegend gab es keinen solchen Betrieb. Ich bereiste deshalb den Rhein bis an seine Mündung, und fand endlich in Holland nördlich von Arnheim das, was ich suchte. Leider ist mir der Name des Schälwaldes und des Besitzers entschwunden.

Derselbe hat dort 1000 Bunder, holländisches Maaß, etwas über 3000 Magdeburger Morgen, à Morgen zu 3 Thlr. angekauft, um diese Fläche mit Schälwald anzubauen. Hier habe ich das Interessanteste in dieser Art gesehen. Unabsehbare Heideflächen, die eine etwas wellenförmige Lage hatten, der Boden so schlecht, wie ich selten einen gefunden habe, wo die Heide etwa 5 Zoll hoch und so dürftig war, daß sie kaum zum Blühen kam; dann stand hin und wieder ein Strich Bocksbart und das weiße Finkenmoos. Die Oberfläche des Bodens bestand auf etwa 4 Zoll aus schwarzem, gewöhnlichem Heideboden, unter diesem war eine 5 Zoll hohe Lage rother Eisenerde oder Zunder, und darunter grober Kies mit sehr wenig feinem Sande vermischt. Dieser Boden wurde 3½ Fuß tief umgespatet oder rajolt, dann ein Jahr liegen gelassen und mit dreijährigen Eichen bepflanzt, welche bei dem Pflanzen gleich 3 Zoll über der Erde abgeschnitten wurden. Die Pflanzung geschah in 6 Fuß weiten Reihen und 3 Fuß Entfernung; also auf 18 □Fuß eine Pflanze. Auf diese Weise wurden 100 Morgen alle Jahr kultivirt und dauerte der Betrieb schon seit 10 Jahren. Der Inspektor, welcher diesen Betrieb zu leiten hatte, versicherte, daß der Morgen beim späteren regelrechten Schälwaldbetriebe einen jährlichen Ertrag von mindestens 6 Thlrn. aufbrächte. In der Nähe befand sich ein Pflanzkamp, etwa 80 Morgen groß, ebenfalls rajolter Boden, und ich muß aufrichtig gestehen, daß ich bis dahin nie ein so gelungenes Unternehmen auf derartigem Boden gesehen hatte; aber es ist nur tiefe Auflockerung des Bodens, welche solches bewirkt und bei jeder Waldwirthschaft Wunder thut.

Ich sah auf diesem Plane ebenfalls eine Kiefernbesamung, 45 Jahre alt. Die Bäume waren erst 18 Fuß hoch und hatten die Stärke von Bohnenstangen; nie habe ich etwas Schlechteres von Kiefern gesehen. Dicht daneben lag ein kleiner Meierhof, wo eine 12 Fuß tiefe Kiesgrube ausgeschachtet war, doch enthielt der Boden auch in dieser Tiefe nichts Anderes als groben Kies. An einigen Stellen hatte man hier einiges Land gepflügt und mit Hafer und Buchweizen bestellt, die aber so dürftig standen, daß sie kaum der Mühe des Erntens lohnten.

Nachdem ich dies und ähnliches auf vielen anderen Stellen in Holland gesehen hatte, wo ich sogar über 100 Jahr alte Schälwald-Bestände vorfanden, die ebenso angelegt und überall im blühendsten Bestande waren, glaubte ich nun die Ueberzeugung gewonnen zu haben, daß diese Bodenbenutzung, bei welcher der Morgen 5—6 Thlr. abwirft, Alles bietet, was ich zu erreichen wünschte.

Hierauf machte ich 1854 von meiner erst 11 Jahr alten Eichenbesamung mit 2½ Morgen einen ersten Versuch. Es ergab folgendes Resultat:

1. 90 Ctr. 32 Pfd. trockene Spiegelrinde à Ctr. 1 Thlr. 20 Sgr. zu . .	150 Thlr.	15 Sgr.	- Pf.
2. 19½ Klftr. Knüppelholz à 2 Thlr. 15 Sgr. zu	48 „	22 „	6 „
3. 98 Schock Buhnenpfähle zu . .	38 „	10 „	- „
4. Abfall von Reiserholz zu . . .	6 „	7 „	6 „
In Summa	243 Thlr.	25 Sgr.	- Pf.

Die Ausgaben dabei waren folgende:

1. Die Borke zu schälen, incl. Trocknen à Ctr. 15 Sgr. . . . . . , . . .	45 Thlr.	5 Sgr.	- Pf.
2. 19½ Klftr. Holz einzuschlagen à 10 Sgr.	6 „	15 „	- „
3. 98 Schock Pfähle zu hauen à 1 Sgr. 3 Pf.	4 „	2 „	6 „
4. Den Abfall an Reisholz zusammen zu bringen	1 „	- „	- „
Latus	56 Thlr.	22 Sgr.	6 Pf.

Transport	56 Thlr.	22 Sgr.	6 Pf.
5. Die Borke zu binden und an die Elbe zu fahren	7 „	- „	- „
6. Transport der Borke nach Magdeburg	12 „	- „	- „
7. An Kulturkosten u. sonst. kl. Ausgaben	9 „	22 „	6 „
Summa der Ausgabe	85 Thlr.	15 Sgr.	- Pf.

Mithin blieb nach Abzug der Unkosten, excl. Verwaltungs- und Abgabekosten an reinem Geldertrage 158 Thlr. 10 Sgr. Es ist hiernach also ein Geldertrag erlangt von pro Morgen 63 Thlr. 6 Sgr. in 11 Jahren, oder von 5 Thlr. 22 Sgr. 2²/₁₁ Pf. in einem Durchschnittsjahre, wobei alle bedeutenden Vornutzungen noch gar nicht in Rechnung gekommen sind.

Wenn ich nun mit einer Sicherheit, wie sie die Umstände rechtfertigen, annehme, daß die zweite und die folgenden Ernten in Folge des zu erwartenden reichen Stockausschlages einen noch höheren Ertrag geben werden, so halte ich mich für berechtigt, zu behaupten, daß durch Schälwaldungen eine viel schnellere und höhere Ertragsnutzung als durch irgend welchen Hochwald zu erzielen sei. Aber leider nöthigt mich ein Uebelstand, in meinem Reviere Eichen-Hochwald zu erziehen, nämlich das Hochwasser der Elbe im Winter; wo bis Eisgang das ganze Revier überschwemmt wird, haben die niedrigen Stockausschläge zu viel zu leiden, sie werden niedergebrochen und zerdrückt.

Wohin sollte es auch führen, wenn alle Eichen zu Schälwald in unserem Staate heruntergehauen würden. Den Gerbern wäre das schon recht; aber es giebt ja noch so viele andere Gewerbe, welche alte Eichen bedürfen und jährlich theurer bezahlen. Wie lange dauert es, so haben fast nur noch die Staatswaldungen alte Eichen und der wohl überlegten Oekonomie unserer Staats-Forst und Finanz-Wirthschaft verdanken wir es, daß einem fürchterlichen Mangel an Eichenholz entgegen gearbeitet ist. Ist man ja auch ganz besonders in der Jetztzeit bemühet, die Pflege und den Anbau der Eiche mit größter Liebe und Fürsorge in den Staatsforsten zu handhaben. Mit hohen Zinsen wächst in den Preußischen Staatsforsten ein gewaltiges Kapital heran, das außer den unberechenbaren anderen national-ökonomischen Wohlthaten für die anwohnende Bevölkerung, auch ferner eine fürsorgliche Speisekammer für die Nothdurft aller Art sein wird. Der Schälwald eignet sich mehr für den Privaten und selbst für den kleinen Besitzer; dieser sieht die Nutzung vor seinen Augen und ist sein eigener Verwalter der intensiven Wirthschaft.

Zum Schluß der Eiche kann ich noch eine vorzügliche Methode mittheilen, nach welcher ich seit 25 Jahren ohne ein Unglück meine Eicheln aufbewahrt habe. Gewiß wird es Manchem der Herren Fachgenossen, dem wohl nicht selten Eicheln im Winterlager verdorben sind, erwünscht sein, dem Uebelstande überhoben zu sein. Es ist ja auch eine große Wichtigkeit, die Eicheln gesund in die Erde zu bringen, weil die jungen Pflanzen nicht allein im ersten Jahre von den in der Erde liegenden Samenlappen, sondern auch selbst noch im zweiten ernährt werden, wovon eingetriebene Schweine, welche noch nach den zweijährigen Samenlappen brechen, das beste Zeugniß geben. Auch Eicheln, welche zu stark getrocknet sind, machen oft im ersten Jahre erst einen Wurzelkeim, und auf trockenem Boden kommt zuweilen erst im dritten Jahre der Blattstiel hervor; wo dann der Wurzel keim oft spiralförmig in nicht tief genug gelockertem Boden sich umherwindet. Es ist also auch die frische und gesunde Erhaltung der ganzen Eichel wie des Keimes von Wichtigkeit, was mir auf keine bessere wie folgende Weise gelungen ist:

Ich trockene die gesammelten Eicheln vorerst auf der Scheune oder in dem Trockenschuppen für die Rinde recht ordentlich ab Dies erfordert die einzige Aufmerksamkeit und wird durch oftmaliges Umschaufeln beschleunigt, was anfangs bei 1 Fuß Aufschüttung täglich einmal, später alle 2 Tage einmal geschehen muß und sich vorzüglich danach richtet, ob die Eicheln unten etwa schwitzen. Ist die Eichel so trocken, daß sie im ersten Beginnen ist, längsstreifig zu werden, so ist der erwünschte Grad der Trockenheit da, welcher aber nicht so weit gehen darf, daß der Kern in der Schale klappert. Nun mache ich lange Gruben von etwa 6 Fuß Breite und 1 Fuß Tiefe, in welche unmittelbar auf den Boden die Eicheln 4 Zoll hoch aufgeschüttet werden, dann werden sie mit wenig trockenem Stroh, noch besser mit Rohr schwach zugedeckt, damit nicht so sehr viel Erde zwischen die Eicheln fällt, und hierauf mit der ausgeworfenen Erde wieder bedeckt. Zur Grube wähle ich Hochlagen und sandigen, noch besser kiesigen Boden, damit sich nicht so viel Nässe ansammelt, welche bei lange anhaltender warmer Witterung schädlich sein könnte, und weshalb ich auch alle warmen Lagen meide, Schutz gegen West und Süd suche. Wenn ich die Eicheln legen will, nehme ich sie heraus, und sie sehen aus, als ob sie eben erst im Herbste unter dem Baume gesammelt wären. War schon lange milde Witterung, haben sie wohl den Keim im Munde, wenn nicht, so sind sie doch angequollen. Nur wenn sie im Herbste etwas zu stark getrocknet waren, behalten sie wohl diese Form, und dann helfe ich mir damit, daß ich sie auf einen Haufen schaufele, sie naß gieße, mit Stroh bedecke und so mehrere Tage liegen lasse, bis sie den Keim im Munde haben.

Die Weidenzucht in der Garbe.

Meine Weidenanlagen sind nun ebenfalls erst durch vielfache Versuche und Erfahrungen auf den jetzigen Standpunkt gekommen. Bei dem Antritt meines Dienstes hier fand ich an dem Elbufer nur wenige Weiden vor, welche von selbst gekommen waren. Da ich aber einsah, daß die Erträge nicht zu verachten waren, so wendete ich auch ihnen meine Aufmerksamkeit bald zu. Zunächst aber war es darum zu thun, die Ufer, welche durch den wilden Strom überall sehr gefährdet waren, damit zu befestigen. Ich hatte vorerst wenig Ahnung von der Kunst des Wasserbaues, und doch war so unendlich viel zu thun; zwei Arme der Elbe führten durch das Revier, in welchem einen noch Dampfschiffe dicht an meinem Hause vorbeifuhren. Fünf Inseln lagen mitten im Strome der Elbe und überall uferte das Festland in steilen Abstürzen in den Strom. Zuerst bauete ich an den gefährlichsten Stellen, so auch bei [illegible]inem Hause einige Uferdeckwerke, dann fing ich mit kleinen B[illegible]nen an und wurde durch die glücklichen Erfolge so ermuthigt, d[illegible] ich größere Wasserbauten mit Genehmigung der Regierung anfertigte und dadurch allmälig nicht allein die beiden Seitenarme der Elbe in Land verwandelte, sondern auch an den Ufern sehr viel Land gewonnen habe. Meine ersten Weidenanlagen, welche so den Zweck hatten, das Ufer zu befestigen, machte ich im Frühjahr 1832 nach Anleitung in Hartig's Lehrbuch für Förster mittelst Stecklingen; doch bemerkte ich leider gar bald, daß diese Kultur sehr theuer wurde, und gedankenvoll ging ich auf der dort angetriebenen Sandbank in der Größe von 40 Morgen einher, nahm spielend eine daselbst vom Strome früher angetriebene Weidenruthe auf und bemerkte, daß sie auf ihrer ganzen Länge Wurzeln getrieben und nach oben kräftige Ausschläge gemacht hatte. Bei längerer Betrachtung dieses Exemplares dachte ich darüber nach, wie wohl dieser Fingerzeig zu benutzen sei, und frohlockend kam mir die Idee, die ganze Fläche so zu bebauen, daß ich Weidenruthen unterpflügte, was doch weit schneller gehen mußte. Sofort ging ich an die Arbeit, welche in kurzer Zeit beendigt war, und mein Vertrauen auf das Gelingen war groß. Von Anderen wurde ich zwar vielfach verlacht, auch im Stillen von meinen Arbeitern. Das Unglück wollte noch, daß eine anhaltende gewaltige Hitze eintrat, und die heraussehenden Weidenspitzen zu trocknen begannen. Da wurde ich selbst ängstlich, aber plötzlich wuchs die Elbe und meine Anlage kam 14 Tage lang unter den Strom. Nach dem Fallen des Wassers aber schlugen die Weiden gewaltig aus und in 3 Wochen standen die Loden wie ein Kornfeld da. Der Geheime Ober-Baurath Münnich faßte dies ebenfalls bei einer Strombesichtigung freudig auf und sorgte dafür, daß dieser Werder von der Regierung mit meinem Namen belegt wurde, und er ordnete an, daß überall am Strome von der Wasserbauverwaltung nach dieser Manier die Heeger angelegt werden sollten. Die Anlage dieser 40 Morgen kostete 198 Thaler und gab einen Nettoertrag vom Schnitte im 3. Jahre von 428 Thaler bei sehr niedrigen Preisen.

Erst im Jahre 1836 setzte ich die ersten einjährigen Korbweiden ab, weil mir bis dahin die Quellen fehlten, und erhielt pro Schock Bund 1 Friedrichsd'or, worüber ich ganz glücklich war und um so eifriger an die Gewinnung von Anlandungen und deren sofortigen Anbau mit Weiden dachte.

Die Methode des Unterpflügens der Weiden war ein glücklicher Griff und noch jetzt ist dieselbe meine beste. Ich führe sie wie folgt aus:

Ich lege die Ruthen der Länge nach in die 5 bis 7 Zoll tiefe Furche. Auf die Seite, welche gepflügt werden soll, werden die Stammenden etwas eingesteckt, damit sie von den Pferden nicht so leicht umgestoßen werden. Die Spitzen der Ruthen müssen auf der Seite, wo der Pflug aufgeschlagen hat, schräg angelegt werden, damit, wenn der Pflug wieder herum kommt, die Erde die Ruthe so weit bedeckt, daß nur die Spitzen etwas herausblicken. Doch braucht man damit auch gerade nicht so peinlich zu verfahren, denn kommen die Spitzen auch etwas unter die Erde, so schlagen sie dennoch aus. Der Weidenbusch geräth jedesmal gut, denn die Ruthen treiben Wurzeln, so weit sie mit Erde bedeckt sind und eine bedeutende Zahl von kräftigen Loden, welche schon im ersten Jahre bis 3 und 5 Fuß lang werden und sich schließen. Diese verhüten, daß der Graswuchs sich einfindet, wie es dies bei Stecklingspflanzung gar leicht geschieht. Zu dieser Weidenkultur benutze ich allen Abfall von Band und Reisholz oder den schlechten Busch, welcher nur Brennholz ist, 2- bis 3jährige Triebe, und kann man schlimmstenfalls selbst einjährige Ruthen dazu wählen. Es können 6 Arbeiter, wenn jedem eine Strecke zugetheilt ist, stets so viel Weiden einlegen, als Fläche dazu mit einem Pfluge gepflügt wird. Neben dem Pfluge geht ein Arbeiter, welcher mit einer hölzernen Gabel die in Unordnung gekommenen Ruthen vor dem Umschlagen der Furche, entweder am Stammende niederdrückt, oder die Spitzen derselben etwas anhebt, damit sie nachher etwas aus der Erde heraus sehen. Wenn indeß die Spitze lang heraus sieht, wird sie später dicht über der Erde abgeschnitten, was sehr leicht angeht, wenn man mit einem Fuße darauf tritt, und dann den Schnitt bewirkt.

Da zu dieser Art der Anlage etwa 2 bis 3 Schock Gebund

zweijähriger Weiden pro Morgen gehören, so ist die Beschaffung des Materials oft sehr schwierig und theuer, und mache ich es jetzt deshalb so, daß ich von den Stammenden des Busches 1 bis 2 Stecklinge hauen lasse, stecke dann, nachdem die übrig gebliebenen Zweige in eine Furche eingepflügt sind, die Stecklinge in den lockern nebenaufgeworfenen zweiten Umschlag in einer Entfernung von je $1^1/_2$ Fuß schräg ein. So erhalte ich abwechselnd eine Reihe Busch und eine Reihe Stecklinge, welche in dem gelockerten Boden ebenfalls schön wachsen. Zu letzterer Methode gehören 8 Mann zum Einstecken. Auf sehr frischem Boden, wo alle Zweigspitzen voraussichtlich gut ausschlagen, reicht es auch aus, wenn man immer nur in die zweite Furche Busch einlegt, weil sonst der Bestand zu dicht werden würde. Wo bei Herbst-Anlagen eine Ueberschwemmung zu fürchten ist, da ist es sehr nöthig, die Zweigspitzen der neuen Anlage nachher recht dicht über der Erde abzuschneiden, weil sie sonst in das Eis einfrieren und später die ganzen Ruthen mit demselben herausgerissen würden.

Ich habe mich nun nicht allein damit beschränkt, im Außendeiche auf den neuen Anlandungen Weidenheeger anzulegen, sondern auch auf höheren Lagen haben mich die reichen Erträge veranlaßt, damit vorzugehen. So versandten im Jahre 1857 bei mehrfachen Deichbrücken an der oberen Grenze meines Reviers gegen 300 Morgen Elb-Wiesen, welche mit pro Morgen 1 Thlr. 20 Sgr. von der Herrschaft verpachtet waren und jetzt mit 3 Fuß hoch Sand überschüttet dalagen. Das Unglück schien anfangs sehr groß und traurig war die weite Sandwüste zu übersehen. Was sollte der Pächter damit anfangen? die ganze Fläche rajolen, hieße sie neu kaufen; und doch wäre sie das nicht wieder geworden, was sie war, zumal sie jetzt gegen 9 Fuß über dem Sommerwasserspiegel lag. Ich übernahm die Pachtung, welche ich aus der Forstkasse bestritt und legte die ganze

Fläche mit Weiden durch Unterpflügen von abwechselnd Busch und Stecklingen an; und nie habe ich schönere Heeger gehabt, noch gesehen, wie diese; ein dichter Schluß und schöner Wuchs ziert sie. Schon im zweiten Jahre hatten sie eine Höhe von 14—16 Fuß. Man möchte wünschen, daß noch weit größere Flächen der Wiesen versandet wären, denn wie hoch stellt sich nicht jetzt der Ertrag gegen das geringe Pachtgeld.

Wie es bei Versandungen geschieht, bleiben auch hier inmitten des Sandes einige große Oasen unberührt und diese gab ich erst einige Jahre in Ackerkultur aus, damit der schwere Boden tief genug gelockert und von Grasnarbe und Unkraut gereinigt war, was ja bei der Weide die Hauptsache ist. Darauf pflügte ich auch dort Weiden ein, welche den anderen mindestens gleich kommen.

Diese Methode des Unterpflügens wende ich denn auch an, um, wie bei Gelegenheit der Eichenzucht gesagt ist, die gemischten Eichen- und Weidenschonungen zu erziehen. Da der Boden dort erst ordentlich durch Vor- und Zwischenkultur gelockert und gereinigt ist, so gewinne ich dort einen Theil meiner schönsten Weiden.

Wo auf verunkrauteten oder durch Blosliegen verangerten Flächen die Vorkultur von Früchten wegen der Lage oder aus einem anderen Grunde nicht angänglich ist, helfe ich mir auf einem allerdings theuerem Wege, und zwar durch Spatflügen, wobei die Spat-Arbeiter, von denen 16 zu einem Pfluge gehören, bevor sie die Furche aufspaten, unter den vom Pfluge umgeschlagenen Rasen den Weidenbuch unterschieben, welchen ich vorher auf 2½ Fuß kürzen lasse, und dann den Spatenstich auf die heraussehenden Spitzen so werfen, daß sie hinreichend bedeckt sind.

Auch mache ich an kleinen Orten, wo ich im Außendeiche wegen Wassersgefahr nicht mit Vorkultur operiren kann, auf diese Weise Eichenkulturen; und zwar belege ich 3 Furchen mit Weiden, dann bleiben 4 Furchen für die Eiche, welche ich im Frühjahre lege, dann wieder 3 für die Weiden und so abwechselnd.

Diese Arbeiten müssen aber bestimmt im Herbste gemacht werden, damit sich die hohle Rasenfurche hinlänglich setzen kann.

Auf solchen Stellen in meinen Heegern, welche durch starke Sandaufhöhungen aus der Elbe sehr trocken liegen und wohl gar aus Arbeitermangel nicht sogleich angelegt und etwas verangert sind, mache ich es so, daß ich mit dem Pfluge Balken aufwerfe, so daß ich abwechselnd eine breite Furche und aus deren Umschlag nach beiden Seiten einen ebenso breiten Balken erhalte. In der Furche lasse ich nun den Boden umspaten und dabei recht lange verzweigte Stecklinge auf je 1½ Fuß einlegen. So kommen dieselben in etwas frischen Boden und die Furche wird bei Hochwasser allmälig mit Sand und Schlamm ausgefüllt.

Die Methode des Einpflügens ist mir bei der Weidenkultur noch immer Regel geblieben. Nur ausnahmsweise schreite ich zur Pflanzung mit dem Spaten, wie z. B. auf Lücken oder Winkeln, wo ich mit dem Pfluge nicht ankommen kann. Daselbst mache ich in zweifüßigem Dreiverbande 1½ Fuß im Quadrat haltende und eben so tiefe Löcher, in deren jedes in eine Ecke ein Steckling gesetzt und demnächst der Auswurf des nächsten Loches beim Fertigen desselben, wie man es beim Kartoffelpflanzen macht, in das benachbarte Loch geworfen wird. Das Pflanzen mit dem Spaten ist sehr theuer und kostet pro Morgen gegen 7 Thaler, während das Verfahren des Umpflügens nur 4 Thaler 28 Sgr. kostet, und steht dasselbe diesem bedeutend nach, fällt sogar an verrasten oder zur Verrasung geneigten Stellen höchst dürftig aus.

Die neuen Anlandungen zwischen meinen Buhnenbauten liebe ich, so schnell als möglich in Bestand zu bringen, weil der frische Sand am fruchtbarsten ist, nicht erst aushagert, ich dem Graswuchse zuvorkomme und der lockere Sand dann noch leicht zu bearbeiten ist. Die Anlandung greift auch dann um so schneller um sich, als bei Hochwasser in dem Heeger der Strom etwas gehemmt wird sich, neuer Sand und Schlick dazwischen und dahinter ablagert. Wenn ich mit dem Pfluge nicht operiren kann, so muß der Spaten helfen. Ich pflüge auf den höheren Stellen Busch ein oder setze Stecklinge, wie zuvor beschrieben, welche stromabwärts geneigt sind. Auf den niederen Stellen aber, welche im Frühjahre oft lange noch unter Wasser bleiben, pflanze ich einige Fuß hohe Saamenweiden, die oft an den Wasser- und Schlickrändern wie die Erlen zahlreich anfliegen. Dieselben lassen sich aus dem leichten Sande sehr leicht ausziehen, sie wachsen prachtvoll an und die Pflanzung geht sehr schnell vor sich, weil die Pflanzlöcher nicht so tief zu sein brauchen, und der Sand nur mit zwei Spatenstichen auf die in das Loch gesetzten Wurzeln geworfen zu werden braucht.

Wenn kein Saamenbusch vorhanden ist, so stecke ich Weidenruthen in, mit einem spitzen Pfahle vorgesteckte, 2 Fuß entfernte Löcher. Da hier auf den flachen Stellen die Ruthe den untern Wasserspiegel berührt, geht auch sie leicht an; und wenn im Frühjahre das Wasser sie noch umspült und der Saft schon circulirt, haben sie doch die Köpfe über dem Wasser und werden nicht von diesem erstickt, was den anderen Anlagen wohl bei langem Hochwasser und bei warmer Witterung zustößt. Nur ein Uebelstand begegnet ihnen leicht, daß wenn bei angestauetem Wasser noch Eis friert, das Wasser aber wächst, die ganze Pflanzung mit demselben herausgezogen wird. Das ist aber nicht zu ändern.

Es giebt eine Stelle in meinem Reviere, wo bei Hochwasser ein bedeutender Strom geht, welcher viel Sand mit sich führt und der im Laufe der Jahre sich in dem Bestande allmälig zu einer ungewöhnlichen Höhe niedergelassen hat, so daß später in trockenen Jahren die vorhandenen Weiden großentheils eingingen, dagegen aber das aller Kultur schädliche Gras Arundo Epigegos sich schnell einfand, die vorhandenen und von mir wieder abgesenkten Weiden aber immer mehr erstickte. Dort versuchte ich, Plätze von 8 Fuß im Quadrat und im 12füßigen Verbande zu rajolen, damit das Gras dort gestört und ich wieder guten Boden oben bekam. Dabei legte ich lang gehauene Stecklinge ein, welche natürlich nun wieder gute Triebe machten und in ihrem Horste das Gras nicht aufkommen ließen. Nach 3 Jahren schnitt ich die Weiden, wobei ich nur die Loden am Rande der Horste stehen ließ, welche dann in folgender Weise abgesenkt wurden: Ich zog um den Horst, je nach der Länge der Loden, einen 1½ Fuß tiefen und eben so breiten Graben, bog während dieser Operation die zunächst stehenden Loden herunter und warf die Erde zu beiden Seiten des Grabens gegen 6 Zoll hoch auf die Loden. Die Spitzen derselben, welche etwas lang unter dem äußeren Rande des Auswurfes heraussahen, ließ ich abschneiden. Dies Verfahren wiederholte ich alle 2—3 Jahre, bis ich die Weiden zu einem Bestande zusammengeführt ahtte. Einige solche Horste, welche ich zur Ausbesserung auf Lücken anlegte, haben jetzt einen Umfang von fast 60 Schritten erlangt. Es ist mir gelungen, das Gras größtentheils zu ersticken. Da ich aber fürchte, daß bei der sehr hohen Lage und dem gewaltigen Strome, welcher bei Hochwasser dort herrscht, die Weiden bei anhaltend trockenen Sommern wieder so sehr leiden werden, habe ich jetzt dazwischen Eicheln eingehackt, welche zwar langsam, aber doch sicher und hinreichend gut emporkommen und mir gleichzeitig einen dort nöthigen Schutz gegen Eisgang gewähren werden.

An solchen verarmten trocknen Stellen, wo der Strom sein Unwesen treibt, pflüge ich auch wohl Zweige von der Schwarz-

Pappel ein, welche jährlich geschnitten, sehr gute Bindeweiden giebt. Sie kommt auf den trockensten Stellen weit besser wie die Weide fort. Einzelne Stämme lasse ich auch aufwachsen, damit sie mir als Eisbrecher dienen.

Kleine Lücken lasse ich stets durch Senker nachbessern. Je zeitiger dies geschieht, um so reiner von Unkraut und geschlossener hält sich der Heeger. Lücken mit Gras fressen wie Krebsschaden um sich. Sobald die Loden 2 bis 3 Jahre alt sind, oder überhaupt wenn der Heeger geschnitten wird, lasse ich da, wo Lücken sind, so viel Ruthen stehen, wie erforderlich sind, um sie als Absenker benutzen zu können. Sobald der Weidenstrauch dann abgeräumt ist, lasse ich mit einem Spaten eine Rille von 5 Zoll Tiefe bilden, so lang, als die Ruthe reicht, lege selbige vom Mutterstocke aus hinein und bedecke sie dann mit Erde, daß immer 1 Fuß breit um den anderen bedeckt wird, weil sie alsdann an mehreren Stellen zugleich ausschlagen kann. Sind die Lücken größer und der Graswuchs in Folge dessen stark, so rajole ich auch solche zwei Spatenstich tief und werfe auch Erde um die einzelnen vorhandenen Stöcke, von welchen ich, soweit es angeht, absenke und den Rest mit gekürztem Busche beim Umarbeiten des Bodens zugleich besetze.

Unter gewissen Umständen wende ich bei meinen Weidenanlagen noch ein anderes Verfahren an. Es machte stets einen unangenehmen Eindruck auf mich, die hier so häufig vorkommenden, für die Eiche zu niedrigen Gründe und Schlenken, die Nichts einbrachten, zu sehen, und ich konnte nie daran vorübergehen, ohne meine Betrachtungen anzustellen, auf welche Art diese kahlen Gründe am zweckmäßigsten fortzuschaffen und ihnen zugleich ein Ertrag abzugewinnen wäre, bis ich endlich auf die Idee kam, dies durch Gräben und Wälle, eine Art Rabattenkultur, zu bewirken. Zur Probe wurden 17 Morgen gewählt und in folgender Weise verfahren: Ich ließ nämlich 3 Fuß breite,

$1^{1}/_{2}$ Fuß tiefe Gräben machen, die so nebeneinander liegen, daß zwischen 2 Gräben immer ein Wall von 3 Fuß Breite bleibt. Dabei legte ich Weidenruthen, welche so lang waren, daß sie über 2 bis 3 Gräben reichten, horizontal auf die Oberfläche des Bodens quer über die Gräben und warf sämmtliche aufgegrabene Erde auf die Ruthen, wodurch der Wall gebildet wird. So weit die Weiden durch den Wall liegen und mit der Erde bedeckt sind, treiben sie Wurzeln, und quer über in den Gräben wo sie am Tageslichte sind, treiben sie Loden. Auf die Wälle ließ ich dann im nächsten Frühjahre Eicheln legen. Die Gräben füllten nach und nach durch Laub und Schlamm wieder zu, und besonders die Weiden wachsen herrlich. Wo es für die Eiche nicht zu naß ist, wächst auch diese gut. Diese Methode kann ich für solche niedrige Oertlichkeiten nicht genug empfehlen, denn dort gewinne ich meine schönsten Weiden. Gewöhnlich nehme ich starken, 2- und 3jährigen Weidenbusch dazu; je länger die Ruthen sind, desto besser. Die Ruthen werden etwa 10 bis 12 Zoll auseinander über die Gräben nebeneinander gelegt, doch so, daß das Stammende jedesmal mitten in einem Walle befindlich ist, die Spitzen mögen in einem Graben oder Walle enden. Nur ist es gut, wenn man das Stammende nach der niedrigsten Seite legt, damit, wenn das Wasser aus den Schlenken sich verliert, die Spitzen der Ruthen zuerst frei werden und treiben können. Diese Kultur nehme ich jedesmal im Herbste vor, wenn die Schlenken trocken sind. — Will man einen Ort auf diese Art bepflanzen, läßt man von 3 zu 3 Fuß die Gräben und Wälle abschnüren und durch einen Spaten die Linien markiren. Ist dies geschehen, übergebe man jedem Arbeiter einen Graben und lasse solchen bis auf etwa 2 Fuß Länge fertig machen. Die Erde wirft man vorerst hinter sich, und wenn nun so viel Platz ist, daß eine Ruthe der Weiden über den offenen Grabenanfängen liegen kann, nimmt der erste Arbeiter eine solche und legt sie quer über dieselben. Wo die Spitze der Ruthe zu liegen kommt, nimmt der betreffende andere Arbeiter auch eine Ruthe und legt das Stammende dahin; u. s. w. So führt jeder Arbeiter seinen Graben fort und legt die Erde vor sich rechts und links gleich auf die Ruthen, wo der Wall gebildet werden soll. Zum Einlegen des Busches hat jeder Arbeiter ein Gebund hinter sich liegen. Ich zahle für die Gräben pro laufende Ruthe $7^1/_2$ Pfennig oder pro □Ruthe $1^1/_4$ Silbergroschen; mithin kostet der Morgen 7 Thlr. 15 Sgr. Die auf diese Art angelegten Weidenflächen sind die schönsten und ergiebigsten, und haben die Vorzüge, daß der Boden immerhin mit Gras und Unkraut benarbt sein kann, auch keiner anderen Vorkultur bedarf. Selbst so niedrige Stellen, die sonst zu Nichts zu benutzen und wo nur einige Zoll Erde über dem stehenden Sommerwasserspiegel vorhanden sind, werden zu reinen Weidenkulturen noch benutzbar. — Die folgende Zeichnung wird das Verfahren näher verdeutlichen: Wo solche Gründe den größten Theil des Jahres unter Wasser stehen, kommt es darauf an,

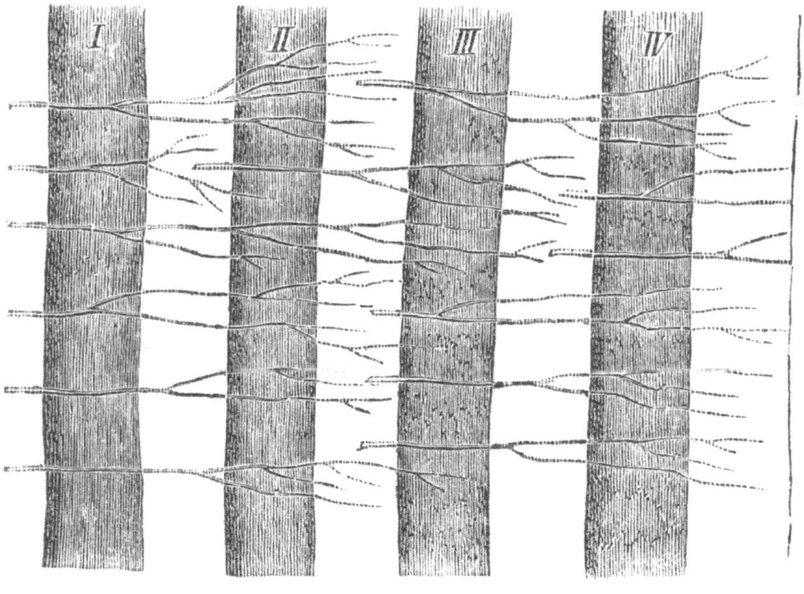

Graben. Wall.

die Wälle auch etwas höher zu legen und um die Erde an so tiefen Stellen zu gewinnen, mache ich die Gräben breiter, je nach Bedürfniß 6 bis 8 Fuß breit. Unter solchen Umständen geht es natürlich nicht, daß die Weidenruthen quer über Graben und Wall durchgelegt werden. Da der aufgeworfene Wall unkrautfreie Erde enthält, so begnüge ich mich damit, denselben mit Stecklingen zu bestecken, welche unter solchen Umständen ihr Möglichstes leisten; oder was noch besser ist, lege ich gleich beim Aufwerfen der Wälle reihenweis gekürzten Busch schräg ein, dessen Spitzen in Querreihen kurz hervorsehen.

Solche Rabattenkultur habe ich selbst in Moorbrüchern mit großer Ergiebigkeit ausgeführt; es kommt nur dann darauf an, daß man unten Sand hat und denselben an die Oberfläche des Walles befördert, wobei er sich mit der Moorerde vermengt und die Weide darin dann gut wurzelt. Auch an Seerändern, welche häufig sogar strengen Thon haben, sind die Rabatten, in welchen der Thon mit Sand möglichst stark gemengt wird, ein guter Standort für Weiden geworden.

Unter allen einheimischen Weiden ist es die Salix viminalis, welche die vorzüglichsten Eigenschaften hat und auch fast allein den Gegenstand des Handels ausmacht. Leider finden sich durch Selbstbesaamung, namentlich auf den neuen Anlandungen, auch andere Weiden ein, und besonders ist dies S. fragilis. Deshalb hat man bei neuen Anlagen recht darauf zu sehen, daß man die S. viminalis wählt, welche ohne Blätter sich recht gut auszeichnet und vorzüglich daran zu erkennen ist, daß die Zweigspitzen hell behaart sind. Eine Weide, die sich in meinen Graben- und Wallkulturen auf schwerem Boden ganz vorzüglich auszeichnet, ist die S. triandra; sie macht die größte Zahl der Ausschläge, welche sehr lang und fadenförmig aufwachsen, dabei auch sehr zähe sind Man hat noch manche andere zähe Weide versucht anzubauen, je nachdem der Standort war, doch kommt der allgemeine Gebrauchswerth immer der S. viminalis nicht gleich. Auf trockenem Sande, wie z. B. bei Potsdam auf den neuen Anlagen geschehen ist, verdient die S. caspica angebaut zu werden; sie wächst dort sehr gut, und hat einen nicht geringen Gebrauchswerth. Sie ist noch wenig bekannt, aber verdient eine größere Beachtnng. Auch ich baue sie auf meinem trockensten Sande, wo die S. viminalis nicht lange aushält. Auf gutem und frischem Boden geht sie bei mir zu sehr in die Aeste.

Der Standort der Weide ist ein weit ausgedehnterer, als man glaubt; sie ist im Allgemeinen noch weniger gekannt, als die Eiche, und wenn man mit ihren Eigenthümlichkeiten vertraut ist, denselben entsprechend sie behandelt, giebt es noch unzählige Orte, wo sie mit Vortheil angebaut werden kann. Sie gedeiht ja in allen Flußthälern vorzüglich, ferner auf jedem Sande, welcher nicht gar zu trocken ist. Man sehe sich nur die neuen Anlagen vor Potsdam auf den alten Sandwüsten an, wo ja auch bei Glinicke Seine Königliche Hoheit der Prinz Friedrich Karl allen Forstleuten ein wahres Muster giebt. Selbst in Brüchern und Mooren mittelst Rabatten und Förderung des Sandes nach oben gedeihet die Weide gut; man schaffe nur die Säure fort durch Abzugsgräben und solche Rabatten. An allem fließenden und nicht saurem Wasser, an Seerändern mit ihren Sandausspielungen gedeihet ja die Weide vorzüglich. Und wie viele solcher Orte liegen nicht noch im Vaterlande wüst, während sie den Ertrag des Weizenbodens übersteigen könnten.

Die Hauptbedingnisse für die Weide sind: Frische des Bodens, Reinheit desselben von wucherndem Unkraute, Lockerheit desselben, Freiheit von Säure und von Wasser während des größten Theiles der Vegetationszeit.

Die Frische des Bodens stellt sich einigermaßen von selber in einem gut geschlossenen Bestande her, zu dessen Erlangung aber die Hauptbedingung erfüllt werden muß, daß die Anlage durch recht tiefes Unterpflügen von Busch, (je trockener, um so tiefer) oder gar durch Rajolen gemacht werde, daß man den Heeger durch einjährigen Schnitt nicht zu stark angreife und jede im Laufe der Zeit entstandene Lücke sofort durch Absenken wieder ausfülle; denn Lücken fressen mit dem Eintreten des Unkrautes wie ein Krebsschaden um sich.

Das Unkraut ist einer der Hauptfeinde in den Heegern, das in den Flußthälern und feuchten Gründen gar zu leicht überhand nimmt und wenn es erst beginnt zu dominiren, was besonders die Gräser gern thun, so gehen die Heeger bergab, sie werden alljährlich lückiger und sehr schwer ist ihnen wieder zu helfen. Schon bei der Anlage der Heeger hat man zuerst für Unkraut freien Boden zu sorgen, und ist dann ein guter Bestand vorhanden, so halte man das Unkraut dadurch im Zaume, daß man nicht so oft die Weiden einjährig schneidet, sie, sobald Unkraut den Boden stärker überzieht, zwei- oder auch drei- und selbst vierjährig werden läßt. Letzteres Mittel kostet mir am meisten Opfer, weil meine Heeger oft von Eisdruck zu leiden haben. Sind Lücken vorhanden, so fülle man sie schnell durch Senker aus, welche bei Gelegenheit des Schnittes gelegt werden müssen. Ein theures, wegen Arbeitsmangel oft nicht ausführbares, aber das beste, sich hochverzinsende Mittel zur Vertilgung des Unkrautes ist das Umhacken des Bodens zwischen den Stöcken, nachdem die Weiden geschnitten und die jungen Ausschüsse unter 1 Fuß Länge sind.

Die Lockerheit des Bodens und besonders tiefe Lockerung ist bei der Anlage der Heeger von größter Bedeutung und zwar besonders dort, wo ein strenger fester Boden ist, welcher überhaupt dem Sandboden nachsteht; Rajolen thut auch hier Wunder!

Man ist noch der verschiedensten Ansicht, wie man die Nutzungsperioden der Weidenheeger eintheilen soll. Meine Ansicht darüber ist die, daß sich dies nicht in ein allgemeines Schema fassen läßt. Die Bestände selber geben an, wie sie behandelt sein wollen. Ich habe schon Orte 4 und 5 Jahre hinter einander einjährig geschnitten und immer kräftige Ausschläge, unkrautfreien Boden gehabt, dagegen Orte, welche ebenfalls unkrautfrei waren und 3jährigen Busch trugen, hauen lassen, in welchen sogleich sich Unkraut einfand und die einjährigen Schüsse kürzer und geringer waren, als an erstgenannten Orten zu jener Zeit. Es war nämlich ein kaltes Frühjahr und nachher kamen noch die stahlblau glänzenden Käfer, Chrysomela vitellinae, dazu, welche überhaupt in den letzten Jahren sehr empfindlichen Schaden angerichtet, die Weiden total entlaubt haben. Die äußeren Einflüsse, Witterung (warme feuchte Luft, Regen sehr wohlthätig) Graswuchs und Insekten, sowie der Absatz, der allerdings zu öfterem einjährigem Schnitte sehr verleitet, weil alle Nachfragen nicht zu befriedigen sind, geben den Maßstab des Umtriebes. Im Allgemeinen rechne ich auf 5 Jahre 3 Erndten. So behandelt giebt der 1832 angelegte, oben erwähnte Reuter-Werder noch immer schöne Erträge; er ist also 43 Jahre alt. Da die Stöcke anfangen, zu hoch und zu alt zu werden, so verjünge ich solche Orte dadurch, daß ich die Stöcke 3—4 Zoll tief aus der Erde mit scharfen Hacken oder der Axt aushauen lasse, wonach die Wurzeln um so zahlreichere und schönere Ausschläge treiben. Da die Holzpreise hier hoch sind, und das Material unerwartet gut brennt, so gebe ich die Flächen kabelweis an zuverlässige Leute, welche sich die Stöcke unentgeltlich roden, den Boden dazwischen umhacken müssen und erst nach vollendeter Arbeit, sobald sie von mir als vollständig und gut erklärt ist, das Material abfahren dürfen. Bevor der Brennwerth der Stöcke bekannt war, rodete ich für Tagelohn und verkaufte das Material. Wenn der Graswuchs sich an solchen Rodestellen sehr entwickelt hat, pflüge ich auch wohl nach der Rodung den ganzen Ort flach um, wodurch das

Gras anfangs erstickt wird, aber die Weide dennoch kräftig aus der Wurzel treibt.

Im Durchschnitte werden in den Heegern pro Morgen 2½, auf den besten Flächen 3 Schock Bund Weiden geschnitten. — Es kosten 60 Bund, à 12 Zoll dick 10 Thaler, mithin wird vom schlechtesten Bestande 25 Thaler, vom besten 30 Thaler pro Morgen gewonnen. Zweijährigen Busch erndte ich durchschnittlich pro Morgen 4 Schock Bund, dreijährigen 5 Schock, für welche ich pro Schock gegen 10 Thaler bekomme. Von dreijährigem Bandholze stellt sich der Ertrag, je nachdem die Stöcke sind, auf 16—18 Thaler pro Morgen jährlich heraus. Neue Anlagen schneide ich im 3. Jahre zum ersten Male. Das Material ist zu rauh, und kann deshalb nur wieder zu neuen Anlagen am besten verwendet werden, oder auch wohl zum Wasserbau, Brennholz u. dergl.

Je nach dem Absatze oder den vorhandenen Arbeitskräften können die Weiden während der Ruhe der Vegetation geschnitten werden. Dies thue ich mit einem sogenannten Buschmesser von nebenstehender Form.

Der Schnitt wird so tief als möglich geführt, damit die Stubben nicht zu hoch werden. Das Messer muß recht scharf sein, was die Arbeit befördert, und verhindert, daß stärkere Stöcke splittern. Es ist ein vorzügliches Instrument zu dergleichen Arbeiten. Je 15—20 Arbeitern gebe ich einen Aufseher, der darauf zu achten hat, daß die Leute die Weiden recht kurz über dem alten Holze abschneiden und daß alle Bunde gleich stark (einjährige 1 Fuß, zwei und dreijährige 10 Zoll stark) und fest gebunden werden, wozu die Arbeiter sich Bindeweiden fertigen müssen, welche 3 Fuß von der Oese durch einen Riß in den Bast gezeichnet sind. Sie erhalten für 60 Bund einjähriger Loden 1 Thlr., für zwei- und dreijährigen Busch 10 Sgr.

Die ein- und zweijährigen Weiden werden zu groben Korbmacherarbeiten verwendet; aber wenn sie geschält sind, auch zu Möbeln und dergleichen feineren Arbeiten; sie stehen als solche hoch im Preise und schäle ich deshalb so viel ich kann. Ein Resultat vom Weidenschälen wird von Interesse sein:

Im Jahre 1859 versuchte ich zuerst, 100 Schock Bund einjährige Weiden, à 1 Fuß im Durchmesser selbst schälen zu lassen. Ich ließ dazu 100 Instrumente anfertigen und beschäftigte 100 Arbeiter, worunter auch Frauen und Kinder waren, etwa 5 Wochen lang mit Schälen, 8 andere mit dem Sortiren und Trocknen. An Arbeitslohn zahlte ich pro Schock Bund 6 Thlr. oder pro Bund 3 Sgr. Die Weiden werden der Länge nach sortirt, indem man ein Bund in eine zur Hälfte in die Erde gegrabene Tonne stellt, damit die Leute die Spitzen der Weiden besser erreichen können, dann wird das Bund in der Tonne aufgelöst und nun schüttelt man sie etwas durcheinander, so daß jede Weide mit dem Stammende den Boden der Tonne berührt. Jetzt nimmt man mit der Hand die Spitzen der obersten zusammen, und schüttelt sie aus. Diese Operation wird so lange fortgesetzt, bis nur das unterdrückte schlechte Zeug in der Tonne zurückbleibt. Auf diese Weise kann man leicht die Weiden in so viele Sorten theilen als man will. Nachdem sie geschält, sortirt und getrocknet sind, werden immer 25 Pfund wieder in 1 Bund gebunden, 3 Weiden um jedes gelegt, was auch in Accord-Arbeit geschieht und pro Pfund 4 Pfennig kostet. Die ganzen Kosten dieser Arbeit waren incl. Transport 814 Thlr. 10 Sgr. Hätte ich diese 100 Schock Bund ungeschält verkauft, so würde ich pro Schock Bund 10 Thlr. oder pro 100 Schock Bund 1000 Thlr. bekommen haben. Es ergab sich, daß ich 811½ Ctr. trockene Weiden hatte, welche ich à Ctr. mit 3 Thlr. 5 Sgr. verkaufte, und 2571 Thlr. 10 Sgr. Ertrag erzielte, wodurch sich also ein reiner Ueberschuß von 757 Thlr. ergab.

Es giebt also 1 Schock Gebund grüner Weiden 8 Ctr. weiße Weiden und der Morgen 20—24 Ctr. = 60—72 Thlr. Für die geschälten zweijährigen Weiden bekomme ich pro Ctr. nur 2 Thlr.) Dieser Versuch hat mir viel Vergnügen gewährt, nicht allein, weil ich einen Preis von 17 Thlr. pro Schock Bund erreicht hatte, sondern auch, weil ich die Freude genoß, in einer Zeit, wo es sonst wenig Arbeit giebt, manchen bedürftigen Familien Verdienst verschaffen zu können; auch bleibt das Geld auf diese Weise im Lande, was auch in Anrechnung zu bringen ist. Bei diesem Verfahren wurde eine Menge Weidenrinde erzeugt, für welche ich keine vortheilhafte Verwendung wußte, und sie deshalb zum Ausbessern der Wege gebrauchen ließ. Es lag mir indessen viel daran, sie auf irgend eine Weise besser zu verwerthen und machte deshalb in der Gerberzeitung das Anerbieten, jedem Gerber unentgeltlich so viel Borke zu geben, als er gebrauche, um zu prüfen, wie viel Gerbstoff sie enthielte; allein es meldete sich Niemand dazu, und ich sah mich genöthigt, andere Versuche zu machen. Ich schickte nun 2 Säcke voll nach Hamburg an eine bedeutende Gerberei, reiste selbst hin, um mit dem Besitzer, Herrn Wamosy, Rücksprache zu nehmen. Dieser stellte in meiner Gegenwart einen Versuch damit an, und es ergab sich zu meiner Freude, daß der Extract der Weidenrinde nur einen Grad weniger Gerbstoff enthält, als der von grober Eichenrinde. Er bot mir pro Ctr. 22 Sgr. 6 Pf., und ich schloß sogleich mit ihm über 500 Ctr. von der Erndte 1860 ab. Später fanden sich nach langen Mühen auch noch andere Käufer für Weidenrinde. Und da man nun auch dahinter gekommen ist, daß die Russen ihr vorzügliches Leder damit herrichten, so ist die Anfrage bedeutend geworden; man schält jetzt sogar die Saalweide, von der der Ctr. 1 Thlr. kostet, und die an vielen Orten heimisch, ein vorzügliches Zwischennutzungsholz bei Eichenkulturen sein könnte, wo man die Korbweide aus besonderen Gründen nicht anbauen wollte. Die Erträge des Schälens meiner Korbweiden stellen sich pro Schock Gebund auf 3 Ctr. Rinde, und nutze ich somit den Morgen mit 66—79 Thlr. Brutto-Ertrag.

Da die Arbeit des Schälens erst geübt sein will, und wohl nicht allgemein bekannt sein möchte, will ich sie nachstehend beschreiben; die Zeit des Saftflusses bis zum Treiben der Weide ist nur kurz, und man kann nicht so viel Arbeiter beschaffen, welche viele Weiden in derselben schneiden und schälen könnten. Deshalb beginne ich schon Ende Februar, vor der Cirkulation des Saftes die Weiden zu schneiden. Hierauf stelle ich die Gebunde senkrecht in runde Haufen, möglichst viel im Schatten und bewerfe dieselben rings herum mit einem gegen 2 Fuß hohen Erdwall, so daß sie weder austrocknen, noch die warme Frühjahrssonne ihr Leben erwecke. Beginnt nun das Erwachen der Vegetation im Freien, so beginne ich auch mit dem Schälen. Ich nehme so viel Weiden, als ich in 8 Tagen zu schälen gedenke, aus der Erde stelle sie gegen 8 Tage lang in möglichst von der Sonne beschienenes Wasser, bis sich der Bast leicht löset und beginne dann mit dem Schälen; während ich auch gleichzeitig wieder einen gleichen Vorrath ins Wasser stelle.

Zum Schälen benutze ich ein Instrument von nachstehender Figur. Dasselbe ist von Stahl gefertigt. Die circa 14 Zoll

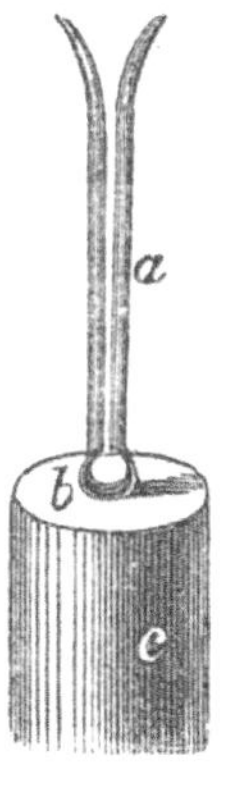

langen runden Arme a sind ¾ Zoll dick, verlaufen nach oben gabelförmig und berühren sich unten, wo sie durch den Stahlblechbügel b, welcher gegen 2 Zoll breit ist und das Federn bewirkt, verbunden werden. In dem Bügel sind 2 Löcher, durch welche das Instrument mit Nägeln auf den in die Erde gegrabenen Block c befestigt wird.

Jeder Arbeiter hat ein solches Instrument vor sich und nimmt eine Ruthe an dem Zopfende, schlägt sie in ihrer Mitte mit Nachdruck der linken Hand in die Gabel und zieht die Ruthe nach sich hindurch; dann faßt er das Stammende, schlägt die Ruthe an derselben Stelle in die Gabel und zieht auch so das Zopfende hindurch. So ist der ganze Bast gelöst und mit einem Handgriffe abgestreift. Da auch die änßersten Spitzen von den Korbmachern benutzt werden, so hat noch ein jeder Arbeiter eine Handklemme, mit welcher er diese Spitzen, an welchen oft noch Bast bleibt, abstreift. Die Handklemme ist von nebenstehender Figur und ist gegen 6 Zoll lang.

Die Rinde läßt sich wie Heu, je nachdem das Wetter ist, im Freien oder auf der Tenne leicht trocknen. Sie darf wie die Eichenrinde keinen Regen bekommen, wird in Bündeln verschickt und ungehackt verbraucht.

Die Fasanenzucht in der Garbe.

Sehr interessante Beobachtungen habe ich in der Garbe über den Einfluß gemacht, den der Anbau der Eichen mit Fruchtnutzung auf die Jagd ausgeübt hat. In früheren Zeiten wurde die Jagd fast gar nicht beachtet; denn weil damals die Fläche für Viele gemeinschaftlich war, nicht in Schonung lag, und die Hirten alles durchweideten, waren hier nur wenig Hasen und Feldhühner vorhanden. Im Verhältniß mit den Eichenanlagen besserte sich auch die Jagd von Jahr zu Jahr, und im Jahre 1842 fanden sich sogar auf einmal auch Fasanen ein. Diese interessante Erscheinung theilte ich sogleich dem Herrn v. Jagow auf Aulosen mit und ersuchte ihn, mir zu gestatten, einen Versuch zur Erziehung derselben hier zu machen, was mir gern bewilligt wurde. Ich war darüber sehr glücklich, aber vollständig unwissend über ihre Behandlung; denn es waren dies die ersten lebenden Fasanen, die ich zu sehen bekam. Der Wunsch und die Aussicht einer Möglichkeit, hier im Reviere Fasanen zu haben, ließ mir als großem Jagdfreunde keine Ruhe, und so beschloß ich denn, anderweitig an solchen Orten, wo es Fasanerien giebt, Belehrung zu suchen. Zunächst ging ich deshalb nach Merseburg, dann nach Moritzburg bei Dresden, nach Rothenkirchen bei Hannover, nach Potsdam, nach Ludwigslust und nach Wolfsburg. Ueberall fand ich aber zu meinem Bedauern, daß die Fasanerien auf eine, mir nicht gefallende Weise betrieben wurden. Man ließ die Eier durch Puten ausbrüten, und diese Methode gefiel mir einestheils wegen der damit verbundenen großen Mühe nicht, anderen Theils auch nicht wegen ihrer Kostbarkeit und Undankbarkeit. So beschloß ich denn, einen Versuch zu machen, die Sache ganz naturgemäß zu betreiben, wobei ich allerdings eine Hauptsache zu berücksichtigen hatte, nämlich: bei Ueberschwemmungen des Reviers die Fasanen gegen das Wasser zu schützen. Dabei hielt ich es für das Zweckentsprechendste, Berge auffarren zu lassen, sie mit Sträuchern und Dorn zu bestecken und auf jedem eine kleine Hütte von Reisig und Rohr zu errichten, wo die Fasanen sowohl gegen Wasser als auch gegen strenge Kälte Schutz suchen könnten. Bei Eintritt des Winters ließ ich auf diesen Bergen, deren zuerst drei entstanden waren, täglich Futter ausstreuen und fuhr im Frühjahre, als das ganze Revier überschwemmt war, zu Kahn an diese Plätze, um nachzusehen, welches Resultat die getroffenen Maßregeln bewirkt haben möchten. Da fand ich zu meiner großen Freude 7 Fasanen, 5 Hennen und 2 Hähne vor, und noch mehr Befriedigung gewährte es mir, zu sehen, daß alle bei dem Abstreichen sich auf Sträuchern und Bäumen aufbaumten, was ich nicht einmal erwartet hatte, da die Feldhühner es nicht thun. Ihnen alle zwei Tage selbst Futter auf die Berge zu bringen, verfehlte ich nun nicht, und so gelang es, alle Fasanen zu erhalten. Die Vermehrung ging nun so rasch von statten, daß im nächsten Herbste schon 15 Hähne abgeschlossen werden konnten. Der Zunahme der Fasanen entsprechend, wurden auch von Jahr zu Jahr mehr Berge aufgefahren und sind jetzt davon schon 40 vorhanden. Nach und nach ließen sich auch alle Vortheile besser erwägen und ausführen und und im Herbste 1844 wurden bereits 60 Hähne erlegt. So nahm denn die Jagd in jedem Jahre zu, hauptsächlich begünstigt durch den Anbau der Eichen mit Früchten. Durch die Wald-Feldwirthschaft wird der Fasan mehr an die Oertlichkeit gefesselt, er findet seine Nahrung und seine Deckung darin und verstreicht weniger, weil er es in der Umgegend nirgends besser findet.

Die Fruchtfelder sind aber bei seiner großen Gefräßigkeit sehr nothwendig, denn er frißt mit Ausnahme der Lupinen alle Arten Feldfrüchte, selbst Kartoffeln und Rüben, er verschmähet von der Eichel bis zum kleinsten Saamen herab kein Korn, nimmt mit Waldbeeren, Schlehen und Obst aller Art, sehr gern mit Insekten, Schnecken und jedem anderen Gewürm fürlieb. Selbst Wurzeln und Kraut verzehrt er von vielen Pflanzen, und ich möchte behaupten: ich kenne kein Thier, wie den Fasan, welchem so Verschiedenes zur Nahrung angewiesen ist. Durch Vertilgung vieler schädlicher Insekten macht er sich zugleich nützlich, und ich bin überzeugt, daß es im ganzen deutschen Lande viele Reviere giebt, in denen diese nützliche und schöne Wildart bei richtiger Behandlung sehr gut gedeihen würde; habe ich doch jetzt auch schon manche Fasanerie anlegen helfen. Man fürchtet vielseits den kalten Winter für ihr Fortkommen; meine Erfahrungen aber lehren mich das Gegentheil, denn während durch lange anhaltende Winter Feldhühner und Hasen eingegangen sind, haben sich selbst auf abgelegenen Theilen des Reviers Fasanen, die nie zur Fütterung kamen, erhalten. Dies giebt den deutlichsten Beweis, daß, wenn sie im wilden Zustande naturgemäß erzogen werden, sie unserem Norddeutschland ganz anpassend sind. Nur in der Jugend ist der Fasan empfindlich. Es ist schädlich, wenn in der Brütezeit und den ersten 8 Tagen der Jungen anhaltender Regen oder gar Nachtfröste eintreten und kann bei so kalter Witterung der größte Theil der Brut verloren gehen. Geschieht dies indeß zeitig, so legt auch der Fasan zum zweiten Male.

Wie alle anderen Wildarten, verlangt natürlich auch der Fasan aufmerksam behandelt zu werden; und er hat viele Eigenheiten. Man setze ihn nur in fruchtbaren Walddistricten aus, welche Laubholz, Kräuter hohe Gräser und Beeren tragen. Nadelholz scheint der Fasan nicht zu lieben, und was die Waldform anbetrifft, so sind dichte Schonungen, Niederwald und Mittelwald seine liebsten Aufenthaltsorte. Eine dichte Bodendecke von Dorn und Gesträuch, hohem Grase, wie Brücher und Flußthäler besonders haben, sucht er stets auf und zwar vorherrschend nur dort, wo er Aesung, Feld oder die Vegetation von Niederungen in nächster Nähe hat. Deshalb ist die Waldwirthschaft in Verbindung mit Feldfrüchten als Zwischenbau das Mittel, die Fasanen zu fesseln, und habe ich auch in meinem Walde mit Vortheil es so eingerichtet, daß ich häufig 20—40 Morgen Land zerstreut ferner als Acker bewirthschafte, damit, wenn in den höheren Schonungen der Zwischenbau aufhört, der Fasan überall Feld in der Nähe hat. An den Rändern strebe ich die Erhaltung von Unterholz und Dornen und selbst die Anlage von Dornenremisen an. Weil die Eichen als Stangenholz keine Bodendecke weiter aufkommen lassen, durchforste ich an den Lieblingsstellen der Fasanen und wo Dorn steht, sehr stark, ja ich haue einzelne Horste von 1/4 bis 1 Morgen fast ganz frei und lasse nur einzelne Eichen dort stehen. Hin und wieder, wo aus der Vergangenheit noch gute Mittelwaldorte von Rüstern und Dornen vorhanden sind, schone ich diese und begünstige ich den Dorn. Die Weidenheeger liebt der Fasan, wie alles andere Wild, ganz besonders.

Kleine Besitzer, welche Fasanen ziehen wollen, thun dies mit Vortheil dadurch, daß sie einen Streifen Feld von etwa 60—100 und mehr Schritten breit und einen Streifen Dorn oder Gestrüpp von circa 20 Schritten breit mit einzelnen Bäumen, worin die Fasanen des Nachts aufbaumen können, abwechseln lassen, oder daß sie hin und wieder im Felde, namentlich an Fließen, Gräben an Wassersenken, Remiesen von 1/4 und mehr Morgen Größe von möglichst dichtem Wuchs mit einzelnen Oberbäumen anlegen. Es bedarf also nur kleiner Waldflecke von niedrigem Holze in den Feldern, worin sich der Fasan heimisch fühlt, ja er liebt sie vorherrschend und sucht sie aus dem Innern des Waldes unaufhörlich auf. Zweckmäßig ist dabei, wenn die einzelnen Remisen so nahe an einander liegen, daß man von der einen zur andern sehen kann oder gar, daß sie durch Fließe, deren Ufer mit Buschholz versehen sind, verbunden werden.

Wo in meinem Walde die Felder etwas entfernt liegen, lasse ich auf den Bahnen und Gestellen Gerste säen, welche nicht geerntet wird; stellenweis säe ich ihnen auch Raps, dessen grünes Kraut die Fasanen im Winter sehr gerne nehmen und sich selbst unter dem Schnee aufsuchen.

Zum Brüten sucht sich der Fasan warm gelegene Orte, besonders junge Saaten auf und ist es dort sehr übel, besonders im Klee, Raps und Grünfutter, daß bei dem frühen Schnitte manches Nest zerstört wird. Oft habe ich die Freude gehabt, daß wenn ich ein durch Zufall entblößtes Nest wieder mit Sträuchern besteckte, das Huhn ruhig weiter brütete. Ueberhaupt thue ich es gerne, frei liegende Nester etwas mit darum gestecktem Gebüsch gegen das Auge des Raubzeuges zu schützen. Interessant ist auch die Beobachtung, daß der Fasan gerne in der Nähe der Wege und betretenen Orte nistet, jedenfalls, um unter dem Schutze des Menschen dort sich niederzulassen.

Ein Hauptbedingniß für die Fasanenzucht bleibt nun auch, daß stets Wasser vorhanden ist; denn es ist vorgekommen, daß in trocknen Sommern, wo nicht dafür gesorgt wurde, alle Fasanen auswanderten, sie gingen in die Brücher und Flußniederungen, wohin es sie überhaupt zieht. Man hat der großen Auswandrungslust der Fasanen stets entgegen zu arbeiten. Zu diesem Zwecke muß man auch zur Anlage der Fasanerie von anderen Wäldern ganz entfernt liegende Waldpartien wählen, die zunächst gelegenen Felder dürfen nicht Fremden gehören, wenigstens nicht die Jagd.

Wenn die Felder leer sind und die für die Fasanen überall stehen gebliebenen Saaten verzehrt sind, muß man schon etwas füttern; denn gerade im Herbste und Winter wandert der Fasan am leichtesten aus. An und in allen Hauptdickungen muß gefüttert werden und wo möglich alle Tage an denselben Plätzen. Dazu ist bei mir ein Mann bestimmt, an welchen sich die Fasanen gewöhnen, und wenn er seine Signale pfeift, kommen sie bis dicht vor ihn gelaufen, verschwinden aber sofort wieder, wenn ein fremder Mensch dort ist. Im Winter lasse ich so viel futtern, als die Fasanen aufnehmen, und mögen sie am liebsten Gerste (außer Weizen und Erbsen), doch nehmen sie auch alles andere Korn, am wenigsten Hafer.

Da der Fasan oft an Ungeziefer leidet, so hat er das Bedürfniß sich im Sande zu baden. Dazu fehlt es ihm sehr oft in fruchtbaren Gegenden und Brüchern an Gelegenheit. Deshalb lasse ich an sonnigen Stellen der Dickungsränder Badehütten bauen. Ich lasse nämlich auf Flächen von 1/3 bis 1/2 Quadratruthen Sand gegen 4 Zoll hoch aufschütten nnd diesen Platz durch ein kleines Rohrdach, dessen Giebel gegen Mittag resp. Mitternacht offen ist, gegen Regen schützen. Hier baden sich die Fasanen, besonders in der Mittagssonne, sehr gerne.

Vertilgung der Raubthiere in der Garbe.

Ebenso sehr man bedacht sein muß, dem Wilde alle Bedürfnisse und Vorliebe zu befriedigen, so sehr ist es auch nothwendig, daß man ihm Ruhe verschafft, und besonders vor seinen natürlichen Feinden, dem Menschen, Hunde und Raubthiere. Alle Störungen sind besonders in der Balz- und Brütezeit zu vermeiden und als Hauptstörer ist das Raubzeug anzusehen, weshalb dessen Vertilgung die oberste Bedingung bei der Pflege der Fasanerie ist. Das ist keine kleine Aufgabe, es erfordert jahrelange Sorgfalt und Bemühungen, ehe man dahin gelangt, sagen zu können; es ist wenig der Art mehr vorhanden. Wo Fasanen sind, da zieht sich das Raubzeug aus meilenweitem Umkreise zusammen. Ich bin durch Erfahrung erst darin belehrt worden; denn obgleich ich anfangs glaubte, es sei Weniges davon vorhanden, so zeigte sich doch bald das Gegentheil, und ich fing in einer Reihe von Jahren durchschnittlich 36 bis 40 Iltisse, ebenso viel Wiesel, 5 bis 6 Marder, 25 bis 30 Igel und 20 und mehr Füchse; auch ebenso viel Falken; während in den früheren Jahren, wo ich keine Fasanen hatte, ich den vierten Theil kaum fing. Wenngleich so viele Fangmethoden üblich sind, so ist doch dies Gebiet unerschöpflich, und es giebt wohl keine Kunst, welche mehr Neider, Diebe und Wißbegierige hat, als diese. Eine Kunst wird es aber ewig bleiben, und wer nicht die Gabe und die Passion dazu hat, wird in seinem Leben kein Fänger. Da die Vertilgung des Raubzeuges ja von so allgemeinem Interesse ist, so wird auch manchem der Herren Fachgenossen und Jagdbesitzer es lieb sein, wenn ich noch etwas über meine beliebtesten Fangmethoden der der Fasanerie schädlichen Thiere sage.

Eins der schädlichsten Thiere in der Fasanerie sowie für das Flugwild ist die Krähe, welche durch das Aussaufen der Eier und Fressen der Jungen sehr großen Schaden anrichtet. Sie durchsucht in jener Zeit die Gebüsche mit großer Gewandtheit und findet die Nester leicht; schleppt die Eier heraus, säuft sie aus und ruft durch ihr Geschrei ihre Genossen dabei zusammen. Sitzt die Henne noch auf dem Neste, so machen mehrere Krähen gemeinschaftlichen Angriff auf dieselbe so lange, bis sie keinen Widerstand zu geben mehr vermag, und das Nest fällt zur Beute. Es gewährte mir immer einen trostlosen Anblick, auf den Wegen und freien Plätzen eine Menge Eierschalen herum liegen zu sehen; aber alles Schießen, die Krähenhütte u. dergl. vermochten diese vorsichtigen Thiere nicht zu verbannen; auf hunderte von Schritten flogen sie schon fort und machten ein Geschrei, wenn sie nur den Jäger von ferne sahen. So hatte ich denn auch öfter bemerkt, daß, wenn die Fischer bei ihrem Fange kleine Fische am Ufer hatten liegen lassen, auch die Krähen diese gierig verzehrten und durch großes Geschrei sich die ganze Gesellschaft daselbst bald eingefunden hatte. Dies benutzend, nahm ich in der Legezeit eine Partie kleiner Fische, strich ihnen unter die Kiemen und in den Bauch etwas Phosphor und legte auf freie Plätze, besonders an den Ufern, einige Häufchen davon. Es dauerte nicht lange, so machten sich auch die Krähen darüber lustig; und kann ich jetzt wohl eine Wette eingehen, daß von mehr als 50 Krähen in 3 Tagen keine mehr am Leben ist. Das Angenehme ist dabei, daß außer anderen Raubvögeln besonders der Gabelweihe, kein Thier davon frißt. In den anderen Jahreszeiten, als im Frühlinge, schone ich übrigens die Krähen, welche mir durch ihr Geschrei manchen Marder und Fuchs verrathen und ich sogleich merke, wenn ein Falke im Reviere ist.

Unter den Raubvögeln ist noch der verwegenste und schädlichste der Hühnerhabicht, Falke, F. palumbarius, und jeder Jagd- und Hühnerhofbesitzer wird schon seinen Aerger darüber gehabt haben. Im Anfange versuchte ich, dieselben mit den alten bekannten Habichtskörben, wo der Falke von oben stoßen muß, zu fangen, doch merkte ich bald, daß dies schlecht ging und beobachtete, daß der Falke den Stoß schräg von der Seite machte. So gelang es mir denn endlich folgenden ausgezeichneten Fang zu construiren: In den Figuren A und B, von welchen A eine Seitenansicht, B eine Ansicht von der Ecke des aufgestellten Fanges darstellt, ist α ein 15" hoher Behälter für die Fangtauben mit der Thür a, dessen Grundfläche von Brettern, der obere Boden, sowie die übrigen Wände des Fanges von Drathgeflecht mit etwa 2—3" im Quadrat haltenden Maschen ge-

A.

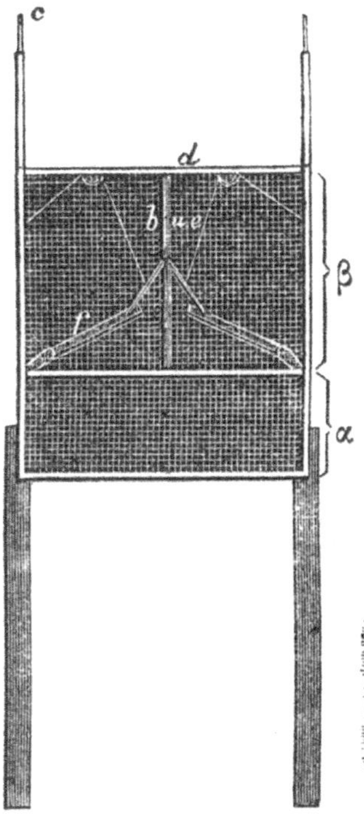

B.

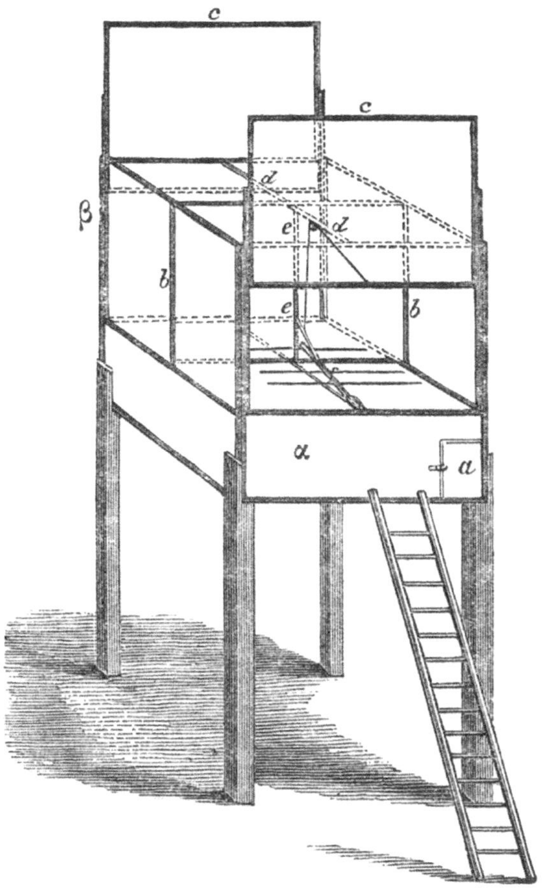

bildet sind. Der Behälter β ist 2½′ hoch, in der Mitte durch eine senkrechte Drathwand b in zwei Theile getheilt, welche an den beiden Vorderseiten offen sind und durch die senkrechten Schieber c, die in eisernen Schienen gehen, zu schließen sind. An der Leiste d, welche in der Oberdecke der beiden Kammern liegt, befindet sich an ihrer Unterseite in jeder Kammer eine Rolle, über diese ist ein Bindfaden geschlagen, welcher mit einem Ende an den unteren Rändern der Schieber c, mit dem anderen Ende an einem Stellpflock befestigt ist, welcher letztere wieder mit dem einen Ende in einen Einschnitt der Vertikalleiste e, die in der Wand b liegt, mit dem anderen Ende in einen solchen des Trittholzes f greift. Das Trittholz f mit seinen Querhölzern ist in einem Scharnier von oben nach unten beweglich, und wird beim Stellen etwas aufgehoben, durch den Stellpflock gehalten, welcher wieder durch die Schwere des Schiebers mittelst des Bindfadens seinen Halt hat. Der Falke stößt dann schräg von oben auf die Taube in α auf das Trittholz, welches durch den Stoß niederfällt, und mit ihm der Schieber. (In der Figur B ist die Stellung nur in einer Kammer gezeichnet. Es kommt vor, daß sich in jeder Kammer ein Falke fängt.) Der ganze Fang steht auf Säulen, welche etwa 7 Fuß hoch sind; und steigt man mittelst einer Leiter, welche in der Nähe verborgen wird, hinan.

Zum Fangen setze ich bei Schnee zwei dunkele, sonst zwei weißbunte Tauben in den Fang, welche Tag und Nacht darin bleiben. Die beste Fangzeit ist im Herbste und Frühjahre während der Wanderzeit; doch kommt es auch vor, daß zur anderen Zeit die Falken ihre Besuche abstatten, was ein aufmerksamer Jäger bald merkt und dann wieder seinen Fang aufstellt. Der beste Platz zum Fangen sind 5—7′ hohe Schonungen, in deren Nähe höheres Holz ist, oder auch Waldwiesen, Acker.

Hat man auf 3000 Morgen einen Fang, so genügt das schon oft. — Ich kann diesen Fang sehr empfehlen. Da es öfter vorkommt, daß der Marder oder eine Katze die des Nachts, gewöhnlich in einer Ecke, dicht am Drahtgitter schlafenden Tauben würgt, so lasse ich die unteren Säulen, auf welchen der Fang steht an deren oberen Hälfte mit einem Blechstreifen umnageln, dann können diese Thiere nicht hinaufklettern. Dieser Blechstreifen ist etwa 1 Fuß breit.

Eine sehr gute Fangmethode für die bösen Raubvögel, besonders die Weihen, welche sich nicht hierin fangen, die gewöhnlich dicht über den Kornfeldern, Weidenheegern und niedrigen Schonungen streichen, ist die mit Fallnetzen, welche 5′ hoch und ebenso breit sind, und von denen 4 Stück senkrecht, rechtwinklig an einander stoßend, an 4 Pfählen in jeder Ecke, hängen. Jede Ecke der 4 rechteckigen Netze wird mit einem angebundenen Steine beschwert und hängt jedes derselben an einem glatten Aste der Pfähle möglichst locker. Stößt nun der Raubvogel nach den Tauben, welche an der Erde in einem Drahtkäfig in Mitten des Viereckes stehen, gegen eins der Neste, so fällt es von den glatten Aesten der Pfähle, durch die Steine erschwert, schnell herunter über den Raubvogel, der sich darin verheddert. Ganz sicher habe ich auch stets einen Raubvogel gefangen, welcher beim Verzehren seiner Beute gestört wurde. Ich hole dann sofort ein Tellereisen, hänge die Beute an den nächsten Baum oder Strauch etwa 1 Fuß hoch über der Erde auf, lege zu beiden Seiten etwas Reisig hin, so daß nur ein Eingang zu dieser Beute führt und stelle in diesem Eingange ein, oder noch besser, mehrere Tellereisen auf. Diese bedecke ich dann oberflächlich mit etwas Laub oder Gras, wie es der Boden gerade bietet. Es dauert nicht lange, so kommt der Raubvogel wieder, oft schon nach einer halben Stunde, setzt sich in einiger Entfernung der Beute zu Boden und hüpft dann an diese heran, wobei er natürlich sich fängt, und dies um so sicherer, wenn die Beute festgebunden ist, damit der Raubvogel sich auf der Stelle gerade mehr zu bewegen hat.

Eine fernere Fangmethode, durch welche ich den größten Theil der Jltisse, Wiesel, Igel (sehr viele Hasen) manchen Fuchs und Marder lebendig fange, ist ebenfalls für meine Fasanerie von segensreichem Erfolge gewesen. Ich kam darauf, als ich merkte, daß besonders im Herbste, wo auch diese Thiere ihre Wanderungen aus dem Gehecke machen und sich natürlich die Fasanerien aufsuchen, wenn die Regenzeiten eintreten, sie sehr gerne trockene Steige und Wege zu ihrem Laufe sich auswählen und auch alle ihnen begegnenden hohlen Bäume, Brücken, Durchlässe u. dergl. revidiren. Ich ließ demnach durch die Dickungen wo die Fasanen am liebsten verweilen, auch in der Nähe der Gewässer, an Zäunen, wo diese Raubthiere gerne spioniren, zwei Fuß breite Steige schaufeln, welche immer eben und rein gehalten werden. In diese Steige baute ich Fallen auf je 400—600 Schritte eine, von der nachfolgenden Construction.

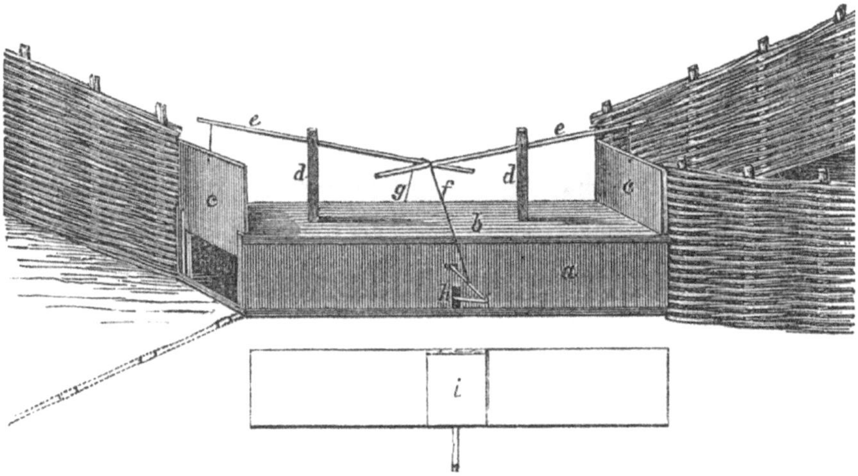

a ist ein Kasten, 6—8 Fuß lang, 14 Zoll hoch und breit, an beiden Enden offen und aus zweizölligen Bohlen von hartem Holze gearbeitet. Die beiden Seitenwände haben an ihren Enden auf der inneren Seite je zwei Leisten, zwischen welchen sich die Schieber c hoch und nieder schieben lassen und die Oeffnungen des Kastens völlig schließen und öffnen können. Die beiden Stützen d, welche auf dem Oberboden des Kastens senkrecht stehen, sind 16" hoch, 2½" stark, haben oben einen Einschnitt, in welchem die Stäbe e einen Ruhepunkt bei ihrer Vertikalbewegung haben. Letztere tragen an den äußeren Enden mittelst Bindfadens die Schieber, welche durch Niederdrücken an den anderen Enden hoch gezogen werden und den Kasten öffnen, Ueber diese inneren Enden der Stäbe e wird ein Bindfaden geschlagen, der in g befestigt, am Ende einen Stellpflock hat, der in einer Kimme der Wand und einer anderen Kimme des eiser=

nen Tellerstieles seine Stützpunkte hat. Der Teller i ist von Holz und an einem Scharnier auf und nieder beweglich, er hat einen Stil von Eisen, welcher durch das schmale Loch der Seitenwand h reicht und mittelst welchem man beim Stellen den Teller anhebt und den Stellpflock einklemmt. Kriecht nun die Kreatur hindurch, tritt den Teller nieder, läßt der Pflock los, mit ihm der Bindfaden und die Schieber fallen auf beiden Enden nieder. Damit die auf dem Steige wandernden Thiere nicht an der Falle vorbei gehen, baue ich zu jeder Seite noch 10 Fuß lange Zäune, welche von der Falle ausgehen und trichterförmig mit ihren Enden etwa 8 Fuß weit von einander laufen.

Ein Köder ist für diese Fallen kaum nöthig, auch nicht einmal zweckmäßig, höchstens werfe ich für den Marder einige Backpflaumen oder ein Hühnerei hinein. Diese Fallen müssen eigentlich immer gestellt sein, aber auch täglich revidirt werden, was bei mir der Fasanenfütterer thut, der zugleich auf den Steigen füttert; denn es fangen sich viele Hasen, welche doch wieder befreit werden müssen und Iltisse und Wiesel fressen sich bald wieder heraus. Aus letzterem Grunde müssen auch die glatten Wände gut schließen. Wenn die Fallen erst ½ Jahr an Ort und Stelle verwittert sind, fangen sie am besten, und wenn sie zugefallen sein sollten, klopfe ich an dem einen Ende etwas, hebe den Schieber an und sehe hinein, hat dann der andere Schieber einige kleine durchbohrte Löcher, kann man erkennen, was sich gefangen hat; die funkelnden Augen des Raubthieres sind leicht zu sehen. Gewöhnlich nagele ich dann an das eine Ende einen Sack vor die Oeffnung und keschere von der anderen das Thier in denselben. Meistens habe ich so scharfe Hunde, welche die Iltisse todt beißen und um jene zu üben, lasse ich die schwerfälligen Iltisse durch Oeffnen einer Thür heraus laufen und dann durch den Hund greifen. Wenn Wiesel darin sind, welche durch ihre Gewandtheit leicht entkommen, schicke ich den Teckel hinein, welcher dabei bald scharf wird. Füchse und Marder aber jage ich in den Sack.

Da diese Fallensteige durch die dichten Gehölze zu angenehmen Spaziergängen Anlaß geben, kann man manchem Gaste und mancher Dame ein Jagdvergnügen bereiten. Ich kann auch diese Methode nicht genug empfehlen.

Um Wiesel zu fangen, habe ich auch transportable kürzere Fallen der Art, welche nur an einem Ende offen sind. An dem geschlossenen Ende halte ich im Innern des Kastens einen Drathkäfig mit lebenden Mäusen.

Den Rest des vorhandenen Raubzeuges, welches sich immer wieder zuzieht, mache ich gerne bei Schnee aus, und wenn eine Neue gefallen ist, ist es für mich ein Festtag. Ich habe mehrere Arbeiter auf das Spüren eingeübt, und mit deren Anwendung sowie der eines scharfen Hundes werde ich Herr über das Raubzeug. Ein scharfer Hund ist sehr nützlich und lasse ich mit solchem bei Mondschein um Mitternacht die benachbarten Ortschaften absuchen, wo nicht selten der weit revierende und nur auf die Raubthiere dressirte Hund einen Iltis oder Marder in einen Baum oder eine Nothröhre gejagt hat und verbellt, wo er dann sogleich mittelst mitgenommenen Spatens, Rodehacke und Axt herausgeholt wird.

Am meisten Aerger bereiten mir die Marder, welche weit her kommen und oft in den Dörfern sicher sitzen, wo man kein Jagdrecht hat. Doch unermüdlicher Eifer und Aufmerksamkeit muß ihrer Mordlust ein Ende machen. Gewöhnlich sieht man schon auf den Futterungen, wenn die Fasanen so scheu sind, daß ein Marder im Reviere ist und muß man unaufhaltsam auf den Wegen spüren.

Mittelst der bekannten Schlagbäume oder Knüppelfallen wird man ihrer schon meistens Herr, und sollten dieselben immer aufgestellt sein. Auch in einzelnen Gebäuden, die er gerne besucht, ein Tellereisen auf die Balken oder den Sprung gelegt, läßt manchen Marder fangen. Ich habe im Walde eine Scheune stehen, die jeder Stein-Marder besucht. In der Wand derselben ist ein kleines Loch, und von außen ein Baum zum bequemen Aufsteigen des Marders an dasselbe gelehnt. Im Innern der Scheune steht permanent vor dem Loche eine Falle, wie ich sie mir folgendermaßen construirt habe:

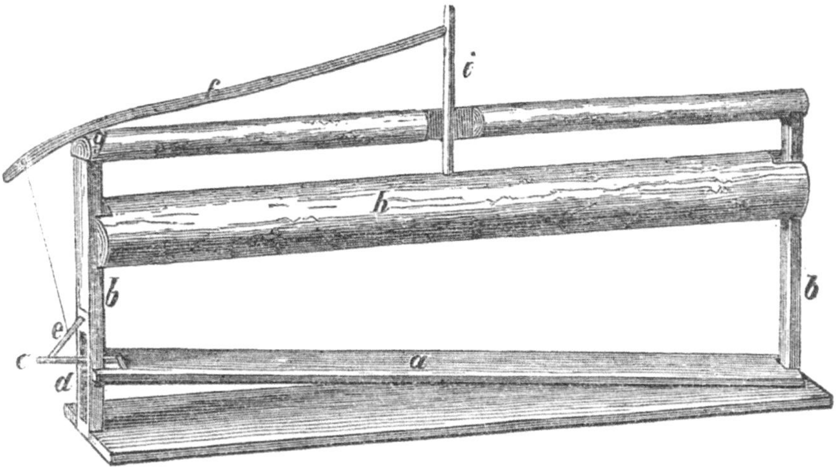

Das Trittbrett a hat an beiden Enden einen Einschnitt, und mit diesem seinen Halt an den Säulen b, zwischen welchen es auf und nieder zu bewegen ist. An einem Ende hat es eine Zunge c; mit welcher es durch den Längsschnitt d der Säule reicht. Diese Zunge wird wieder durch einen Stellpflock e gehalten, der mittelst eines Bindfadens und des Stabes f, der auf g ruht, den Schlagbaum h mit i hochhält. h ist ein ca. 5" starker runder Himpel, der zwischen den Säulen b hoch und nieder beweglich ist und i ein Stab, an ihm befestigt, mit Einschnitten am oberen Ende in welche f greift. Tritt nun der Marder auf das Trittbrett, so tritt er es nieder, der Stellpflock springt ab und h fällt nieder auf a und den Marder.

Solche Fallen stelle ich auch zwischen zwei dicht stehende Klafterreihen, zwischen welchen das kleine Raubzeug gerne läuft und bedecke sie etwas mit Reisig.

Wer je einen Dohnensteig gehabt hat, wird auch Gelegenheit gefunden haben, sich über den Marder und Fuchs zu ärgern, wie sie täglich an derselben Gegend die Vögel herausreißen, er wird auch nicht unterlassen haben, den Marder, wenn er sicher geworden ist, im Tellereisen, das mit Ebereschen verwittert ist, daselbst zu fangen.

Oft ist es mir auch gelungen, wenn ich an einem Orte den Marder mehrmals gespürt hatte, ihn daselbst durch 1 oder 2 Hühnereier, welche ich in einige künstliche Nester von Kaff oder Sand gelegt hatte, anzukirren. Wenn er die Eier an einem Orte zweimal oder dreimal genommen hatte, hatte ich auch am andern Tage den Marder in dem daselbst gelegten Tellereisen, auf welches ich ein ausgeblasenes Ei gebunden hatte. Noch sicherer fängt es, wenn die Eier so gelegt werden, daß zu denselben nur ein bequemer Zugang führt, indem man sie bei einem Baum oder dichten Dornstrauch legt und zu beiden Seiten durch dicht gesteckte Zweige, in natürlicher Form, einen trichterförmigen Zugang von etwa 3 Fuß Länge bauet, wie es bei den vorbeschriebenen Kastenfallen durch einen Zaun hergestellt wird. Zum Köder nimmt man dann nicht ein ausgeblasens, sondern frisches volles Ei und legt dieses oder auch zwei in das Nest. In den Eingang zu dem Neste legt man, sobald der Marder angekirrt ist, ein oder zwei Tellereisen, gut ausgefüttert und mit Material bedeckt, wie es der Ort hat, so daß nichts Verdächtiges an dem Lager erscheint. Die Darstellung der Natürlichkeit des ganzen Apparates ist die Hauptsache, ein Verwittern und Putzen der Eisen ist nicht nöthig. Um den Marder vorerst an den Platz gerade zu locken, wirft man wohl in seine Umgebung ein wenig Moschus aus.

Wenn man die gehörige Aufmerksamkeit und Unermüdlichkeit handhabt, so findet sich gar mancherlei Gelegenheit, solche Raubthiere zu überlisten. Da es oft vorkommt, wenn man bei Schnee einen Marder im hohen Holze nachspürt, daß er in einem entfernteren Baume aufbaumt, als er wirklich steckt, so habe ich gefunden, daß es manchem Jäger nicht gelingt, ihn ausfindig zu machen. Doch wird es selten fehlschlagen, wenn man den Ort mehrmals umkreiset hat und sicher ist, daß der Marder darin steckt, daß man seine Richtung an dem Moose und den Flechten ermittelt, welche er beim Baumen abgestoßen hat und die unter dem Baume in kleinen Stückchen auf dem Schnee liegen. Man sehe sich dabei unter dem Baume, meist dicht am Stamme genau um, ob Losung vom Marder herunter gefallen ist. Findet man diese, so steckt derselbe auch in dem Baume und meistens wird man Losung finden.

Ein unangenehmes, aber doch nicht ganz so gefährliches Raubthier wie Marder, Falke und Krähe in der Fasanerie ist der Fuchs. Selbst am Tage spionirt er in der Dickung herum, und merkt man es oft an der Unruhe der Fasanen darin, welche laut sind und oft auffliegen. Habe ich dann Arbeiter in der Nähe, so lasse ich mir den Ort durchgehen und habe so schon manchen Ruhestörer erlegt. Habe ich keine Arbeiter zur Hand, so habe ich einige hundert kleine schwarzweiße Fähnchen an kurzen Stöcken, hole mir dieselben, umstecke damit die Dickung, wenn sie nicht zu groß ist, und lasse dann eine oder mehrere Personen durchgehen. Der Fuchs geht gestört an dem Rande längs der Fähnchen herum und kommt sicher, wenn auch oft erst spät zu Schuß auf einem frei gelassenen Passe. Die Sache ist etwas langwierig und nur dort anwendbar, wo es sehr darauf ankommt, wie in der Fasanerie, die Füchse auszurotten.

Da nun der Fuchs sehr verbreitet ist, und in Folge dessen Jagden im Allgemeinen, besonders auch durch Würgen von

Hasen und Rehkälbern mehr Schaden zufügt, als meistens geglaubt wird, so ist dessen Vernichtung doch von großem Interesse für die Jägerei. Meistens ist der Fuchsfang für sehr schwierig verrufen, doch ist es für einen mühsamen und praktischen Jäger, der die richtige Methode kennt, nicht so. Ich bin heute in der Lage, mich von einer in der zweiten Auflage dieser Schrift gemachten Verheimlichung der von mir angewendeten Fangmethoden, welche mir in einer wohlwollenden Recension zum gerechten Vorwurfe wurde, frei zu machen. Diese Methode ist so vorzüglich, daß ich sie jedem emsigen Jäger empfehlen kann, und welcher sich bei ihrer Anwendung wundern wird, wieviel Füchse sein Revier besuchen. Der Fuchs ist außer der Zeit, wo er Junge hat, gar nicht häuslich, er wandert immer zu und namentlich dahin, wo er viel Nahrung, d. h. eine gute Jagd findet. Darum wird ein einzelner Jäger fortwährend fangen. Ich bediene mich zweier Hauptmethoden, und zwar mittelst Tellereisen und der mittelst der Grube, welche ich immer beide betreibe, weil ein Fuchs auf die eine Weise geprellt, sich auf die andere fängt. Zum Fange wähle ich Orte, welche der Fuchs am meisten zu besuchen pflegt, entweder Felder oder ganz junge Schonungen. Erstere sind am besten, und wähle ich solche, welche ohne viel Zeitversäumniß durch mich oder zur Arbeit erscheinende Arbeiter auf dem Geschäftswege leicht zu besuchen sind. Am besten sind Aecker im Walde oder am Walde in der Nähe größerer Schonungen; auch schadet es nicht, wenn Wohnhäuser auf einige hundert Schritte in der Nähe sind. Zum Legen der Tellereisen wähle ich frisch gepflügten Acker, oder wo dieser nicht ist, pflüge ich eine Strecke von etwa 300 Schritten in ca. 20 Pflugfurchen auf und lasse in der Mitte eine Furche offen. In solcher geht der Fuchs gern, indem er frisch gepflügten Acker mit Vorliebe besucht und diesen bei seinem weiten Umhertreiben auch bald findet. In eine offene Pflugfurche lege ich nun 6 bis 8 Eisen, jedes von dem andern etwa 20—30 Schritte entfernt, und zwar nicht längs, sondern quer derselben, weil die zuschlagenden Bügel dann besser greifen. Da wo das Eisen liegen soll, grabe ich mit einer Holzkelle eine Vertiefung, so daß das aufgestellte Eisen hineinpaßt. Nun futtere ich dasselbe mit der ausgeworfenen reinen Erde dicht aus und drücke dieselbe mit der kleinen langgestielten Kelle an den Bügeln und zwischen Bügeln und Teller fest ein, so daß der Boden hier ebenso fest ist, wie in der Furche. Man fürchte sich nicht, daß die Erde zu fest sei und etwa unter den Teller zu viel Erde komme, daß dieser beim Darauftreten nicht nachgebe. Trotzdem bleibt die Erde unter dem Teller immer noch locker genug, daß wenn der Fuchs darauf tritt, das Eisen zuschlägt. Ist die Erde nicht fest genug gedrückt, tritt der Fuchs leicht durch und geht gleich zurück und davon, denn ein schlecht Gewissen hat er immer. Sind nun alle Eisen gestellt, so nimmt man einen reinen, nur dazu bestimmten Besen, und indem man neben der Furche auf dem Acker geht, fegt man die ganze Furche glatt, entfernt jeden darin liegenden Gegenstand, so daß die Furche ganz gleichmäßig gefegt und mit kurzkrümeligem Boden bedeckt ist. Beim Fegen über die Eisen fort, darf man nicht zu stark aufdrücken, weil sie sonst zuschlagen. Das Fegen der ganzen Furche ist auch zu wiederholen, wenn sich ein Fuchs gefangen hatte und das Eisen wieder aufgestellt wurde, oder wenn nach anhaltendem heftigen Regen die Eisen neu eingefuttert werden. Nunmehr wirft man die Brocken aus und zwar in der ganzen Furche entlang, etwa alle 6 Schritte einen. Man macht diese etwas klein, weil man sonst sehr viel gebraucht und auch der Fuchs sich leicht bald satt frißt und sich dann erst die folgende Nacht fängt. Betritt nun der Fuchs den Acker, so findet er die Brocken sehr bald, geht dabei in der Furche auf und nieder, nach diesen suchend, bis er sich gefangen hat. Er geht oft sehr viel mal an einer Stelle, wo er die Brocken gefunden hat, hin und zurück, bis er endlich auf den Teller tritt. Wenn die Furche gut gefegt ist und die Brocken nicht zu dicht bei den Eisen liegen, ahnt er gar nichts Arges und wird sehr dreist. Den Steig, welchen man während der Arbeit neben der Furche geht, scheut der Fuchs nicht, weil er natürlich erscheint; man darf deshalb diesen nicht fegen. Dabei bemerke ich noch, daß die Eisen niemals geputzt zu werden brauchen, ob sie rostig sind oder nicht, oder ein Fuchs eben darin gefangen ist, oder nicht, ist ganz gleichgültig. Zu den Brocken nehme ich am liebsten Hammelpfoten, in kleine Stücke gehauen und dann in einem Kochgeschirr, welches auch täglich im Küchengebrauche benutzt sein kann, etwa 3 Stunden gut gekocht. Diese bewahre ich dann in einem kühlen Raume so lange auf, bis sie verbraucht oder verdorben sind. — Im Uebrigen ist natürlich Alles zu meiden, was einen starken Geruch an sich hat, man darf beim Stellen nicht rauchen und muß auffallende Gegenstände, wie Scheuchen und dergleichen entfernen. Dagegen macht eine Witterung folgender Art den Fuchs noch sicherer. Man drückt einem gefangenen Fuchs den Urin aus der Blase durch die Harnröhre in ein Fläschchen und läßt davon hin und wieder einen Tropfen in die Furche fallen, meidet aber auch dabei gerade die Eisen, damit hier nicht der Fuchs durch etwas aufmerksam gemacht wird. Es fängt aber auch ohne diese Witterung ausgezeichnet.

Was nun die Eisen anbetrifft, so existiren ja die verschiedensten Arten. Am besten fangen hierbei Eisen, welche einen kleinen Teller haben, wie etwa in der Form eines Längsdurchschnittes eines großen Gänseeies, die Bügel müssen nicht zu hoch zuschlagen, so daß sie den Fuchslauf dicht über den Ballen greifen, woselbst derselbe nicht bricht. Der obere Lauf mit seinem Röhrknochen bricht sehr leicht und der Fuchs schneidet sich, dort gefangen, oft heraus. Deshalb sind meine Fuchseisen so gebauet, daß, wenn sie zuschlagen, die Bügel über dem aufgestellten Teller 2 bis 2½ Zoll hoch stehen. Die Bügel sind auch nicht halbkreisförmig, sondern zweckmäßig, länglich rund gebauet, so daß, wenn sie zusammenschlagen, sie überall über dem Teller gleich hoch greifen.

Daß die Eisen mit einer kurzen Kette und einem Anker, der nicht zu groß und schwer ist, versehen sein müssen, damit der mit dem Eisen nach dem Walde zuschleppende Fuchs sich dort hin und wieder verankere und durch Kratzen der Anker in den Boden den von ihm angenommenen Weg bezeichne, wird jedem Jäger bekannt sein. Ich warne nur davor, die Eisen mit Kette und Anker zu schwer und die Haken der Anker zu krumm arbeiten zu lassen. Der Fuchs muß nur mäßig gefesselt sein und immer einmal wieder loskommen, damit ihm die Hoffnung bleibt, davon zu kommen. Er schneidet sich sonst, selbst gut am Ballen gefangen, öfters los. Auch will ich nicht unerwähnt lassen, daß zur Verhütung dieses Falles, es immer gut ist, wenn man die Eisen möglichst früh revidirt. In Waldungen mit Haidekraut und dergl. ist dem schleppenden Fuchse nicht nachzuspüren und muß man sich zur schnelleren Auffindung schon eines Hundes bedienen. — Hat man die Zeit, ist es natürlich sehr ergiebig, wenn man an zwei verschiedenen Stellen den Fang etablirt. Ich habe öfter an einem Orte in einer Nacht mehrere Füchse gefangen.

Die Andere, ebenso interessante Methode des Fuchsfanges in der Grube betreibe ich folgendermaßen:

Ich wähle ebenfalls Orte, wie sie bei der vorigen Methode als am besten bezeichnet sind, und zwar Acker. Auf einer mäßigen Anhöhe, welche von der Umgebung möglichst weit zu sehen ist, grabe ich eine kreisrunde Grube mit senkrechten Wänden, welche 9 Fuß tief und 3½ Fuß im Radius weit sein muß. Zu ihrer längeren Haltbarkeit setze ich am Rande der Grube Stangen oder schmale Bretter ein, welche mit den unteren Enden an der Sohle der Grube etwas in die Erde eingelassen und an den oberen Enden durch einen eisernen Reifen, wie am Wagenrade, auseinander gehalten werden, so daß ein Faß hergestellt wird, dessen Boden die untere Grubensohle ist, dessen Wände aus Stangen oder Brettern gebildet wird, und welches oben offen ist. Der Erdauswurf wird rings herum, nach der Grube zu allmälig ansteigend planirt. In der Mitte der Grube steht ein starker Pfahl etwa 6" stark und möglichst feststehend in den Boden eingelassen, welcher gerade so lang, wie die Grube tief ist, mit seinem oberen Ende also in der Ebene des oberen Grubenrandes abschneidet. Auf diesen Pfahl wird ein runder Holzteller befestigt, welcher etwa 3" stark ist, 15" Durchmesser hat und von zähem Holze gearbeitet ist. In der Peripherie dieses Tellers sind dicht nebeneinander Löcher eingebohrt, welche etwa 1 Zoll tief gehen und so weit sind, daß man den kleinen Finger hineinstecken kann. In diese Löcher werden Stäbchen gesteckt, welche mit ihren entgegengesetzten Enden auf dem Rande der Grube ruhen. Es hat dann der Teller mit den Stäben das Aussehen, wie man die Sonne mit den Sonnenstrahlen öfter dargestellt findet. Durch diese Sonne wird somit die ganze Grube gedeckt. Nun fährt man nach der Grube etwa 4 Fuder kurzen Pferdedünger und deckt dieselbe über die Stäbe fort damit leicht zu, breitet den übrigen Dünger gleichmäßig um die Grube herum, so daß von der Mitte des Tellers ringsherum gerade 9 Fuß weit überall Dünger liegt und das Ganze nunmehr das Ansehen eines flachen Düngerhaufens hat. Auf den Teller wird des Abends eine Ente gebunden, ein Leckerbissen des Fuchses, und wird dieser durch das Paken oder Schnarren des Erpels angelockt. Er schleicht allemal unter Wind heran bis dicht an den Dünger, macht einen Sprung von 8 Fuß nach der Ente zu, um mit einem zweiten Sprunge dieselbe zu packen, fährt aber hierbei durch die Decke in die Grube hinein. Deshalb müssen die Stäbe nicht zu stark sein und in den Bohrlöchern lose liegen, weil sie sonst nicht nachgeben. Auch ist hierbei alles Auffallende zu meiden, die Umgebung möglichst natürlich und gleichmäßig herzustellen. Die Befestigung der Ente geschieht nun mittelst Sackbandes, welches in folgender Form geknotet ist. Durch a wird der Kopf und Hals gesteckt, durch b die Flügel, durch c der Schwanz. Die

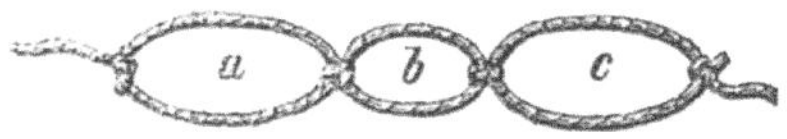

Enden von a und c werden dann unter dem Bauch zwischen den Rudern der Ente zusammengenommen und auf der Mitte des Tellers befestigt. Die beiden Knoten, wo a mit b und b mit c zusammenstoßen, ruhen einer im Genick, der andere auf dem Kreuz der Ente. Dieselbe kann sich dann frei bewegen und versuchen, sich loszureißen, ohne dabei Schaden zu leiden. Da die Ente sich sehr streubt, namentlich wenn ein Fuchs einmal nach ihr gesprungen ist, so macht sie sich gern los und muß man genau ausprobiren, daß die Befestigung ziemlich eng anliegt; d. h. die Oesen nicht zu weit sind. — Damit die Ente sich aber dennoch nicht zu fest einschnürt und sie sich bewegen kann, befestigt man das Band auf der Mitte des Tellers an einer metallenen Oese, welche sich am unteren Ende um eine metallene Achse dreht. Diese Vorrichtung wird sich jeder selbst leicht construiren können. — Um nun die Ente Abends auf den Teller befestigen und Morgens wieder abnehmen zu können, habe ich eine kurze schmale Leiter, welche ich mit der oberen Sprosse auf den Teller und mit dem unteren Ende auf den Grubenrand lege, indem ich mich nun auf diese Leiter entlang niederlege, kann ich nach dem Teller greifen und die Arbeit des Befestigens machen. Diese Leiter benutze ich auch, um in die Grube einzusteigen und halte ich sie deshalb in der Gegend versteckt. — Es kommt, namentlich in der Ranzzeit öfter vor, daß sich zwei Füchse in einer Nacht fangen. Dieselben herauszunehmen, macht viel Vergnügen. Steigt man auf der Leiter zu dem Fuchs hinunter, so weiß er sich so geschickt dem Todtschlagen zu entziehen und macht so ungeheuere Sprünge bis über den Kopf des Einsteigenden hinweg, daß man damit seine Mühe hat. Deshalb habe ich mir die Sache damit erleichtert, indem ich an einem Stabe eine feste Schnur mit etwas Messingdrath durchflochten, befestigt und von dieser Schnur eine Schlinge gemacht habe, welche ich dem Fuchs über den Kopf ziehe und daran heraushole. Selbst hierbei muß man gewand sein und die Schlinge gleich von Anfang an mittelst eines geschickten Schlages dem Fuchs über den Kopf ziehen, da er sehr bald nach mißlungenem Versuch das Kunststück lernt und jedesmal dabei in die Schnur beißt, die er sehr geschickt auffängt. Namentlich sind Füchsinnen am gewandtesten. Hat man den Fuchs nun in der Schlinge, kann man ihn hinter sich wie einen Hund lebend nach Hause führen, wie wohl er sich sehr streubt. Beim Todtschlagen an dieser Schnur nehme man sich in Acht, daß man beim ersten Hiebe nicht vorbei schlägt, denn der Fuchs zieht sehr geschickt die Nase zurück, man schlägt auf die Schnur, diese reißt und Reinicke geht im Galopp davon. Deshalb thut man gut, wenn man mittelst einer Gabel den Fuchs vorher auf die Erde niederdrückt, oder ihn entweder in der Grube selbst an der Schnur hängend erschlägt, oder dies zu Hause in einem Verschluß besorgt, wo denn auch gleich die Hunde scharf gemacht werden können.

Hin und wieder, wenn der Dünger der Grube lange Zeit dem Regen ausgesetzt gewesen ist, ist es ganz zweckmäßig, denselben etwas zu erneuern, weil frischer Dung immer den Fuchs weither anlockt. Deshalb fängt es auch gut, wenn in der Nähe Dünger auf den Acker gefahren worden ist. Diesen besucht der Fuchs gern. Auch habe ich noch hinzuzufügen, daß man zum Fangen verschiedene Enten probiren muß, weil eine besser fängt, wie die andere, am besten sind diejenigen, welche laut sind und sind dies meistens die Erpel. Auch muß man damit wechseln, weil die Nachtwache die Enten angreift. Die Grube fängt nun zu jeder Zeit, mit Ausnahme bei tieferem Schnee, weil dann die Decke einfällt und das Ganze nicht mehr natürlich hergestellt werden kann. — Stellt man die Grube periodisch nicht auf, so muß man die Decke abnehmen, weil sonst Hasen, Rehe und Hausthiere ja auch neugierige Menschen unversehens hineinfallen und dies nicht bemerkt werden könnte. Namentlich habe ich auch viel Hunde in der Grube gefangen und dies besonders, wenn ich in der Nähe zur Anlockung der Füchse aus weiter Ferne etwas Luder hingelegt hatte. Konnte ich gefallenes Wild oder krepirte Hausthiere dazu nicht bekommen, habe ich den Ludergeruch auch dadurch künstlich hergestellt, daß ich einen Topf voll kleiner Fische etwa 14 Tage lang unter warmen Dung vergrub und davon hin und wieder auf einige Entfernung von der Grube oder den anderen Fangplätzen etwas hinwarf. Diese Fische geben einen erstaunlichen Gestank von sich.

So kann man denn bei etwas gelindem Wetter fast den ganzen Winter abwechselnd im Eisen oder in der Grube fangen und namentlich fängt es auch im Frühjahre, wenn lang anhaltender Schnee fortgeht, gut.

Wenn es einem der Herren Leser indeß weniger daran gelegen sein sollte, den Fuchs in die Hände zu bekommen, als nur die Füchse auszurotten, so kann er sie sehr leicht vergiften, wenn er kleinen Vögeln in den Kopf etwas Strychnin macht, oder Brocken von Hasennieren oder Leberstücken von der Größe einer Wallnuß in der Weise damit vergiftet, daß er ein Loch hineinsticht und durch eine Federpose, die als Trichter dient, etwas Strychnin mittelst eines Stöckchens in das Loch hinein thut. Natürlich muß man mit diesem Gifte sehr vorsichtig sein und auch die Brocken nicht mit bloßer Hand anfassen. Hierauf macht man sich eine Schleppe, schleppt sie zu Pferde oder Wagen durch die Reviere und wirft hin und wieder, besonders auf Wiesen, Aeckern, Blößen zwei bis drei Brocken oder einen Vogel hin. Die Schleppe wiederholt man, so wie auch die fortgenommenen Brocken erneuert werden. Man muß aber auch alle Hunde von den Brocken lange Zeit fern halten, sonst sind sie verloren. Ebenso gefährlich ist es in Gegenden, wo arme Menschen Füchse essen und wo zahme oder wilde Schweine gehen. Wenn man die Brocken bei frischem Schnee legt, so kann man auch die vergifteten Füchse sich aufsuchen, man spürt ihnen von den aufgenommenen Brocken nach und meist gehen sie nicht mehr weit.

Mit Erfolg habe ich auch Füchse in Bauen gefangen, welche ich künstlich anlegte. Am Ende der Röhren, welche ich vorher zusammen münden lasse, etwa wie folgt:

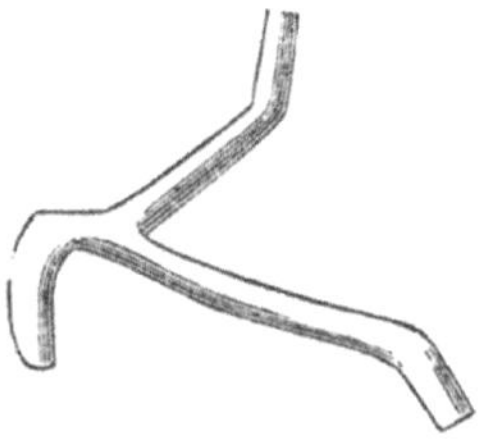

baue ich aus Pfählen oder Brettern eine Falle, ähnlich wie die zuvor beschriebene Kastenfalle zum Fange der Iltisse in Steigen. Dieselbe hat nur an der Einfahrtsseite einen Schieber, und ist möglichst bedeckt.

Auch das Graben der jungen Füchse trägt sehr viel zu ihrer Vernichtung bei; man muß schon die geringe Einnahme aus den Bälgen aufgeben, wenn man die Jagd pflegen will; eins kann man nur haben, und wenn man berechnet, welche Unmasse von Fasanen, Hühnern, Hasen, Rehkälbern das Raubzeug vertilgt, so ist der Schade sehr viel höher, als der Werth derselben, und die Herren Besitzer wollen nicht die Ausgabe scheuen, wenn sie ein hohes Schießgeld für das Raubzeug zahlen und dasselbe so hoch für den Sommer normiren, als der Balg im Winter werth ist. Nur dann werden die meisten Jäger ihm emsig nachstellen. Der Gewinn folgt aber sofort. Wer einmal genau beobachtet, was eine Füchsin für ihre Jungen heranschleppt, der wird dies gerne bestätigen.

Die hier nun angegebenen Fangmethoden sind mir die liebsten. Weiter mich hierüber auszulassen und Methoden Anderer anzuführen, würde nicht dem Zwecke entsprechen. Ein guter und geschickter Jäger wird durch Uebung jede Gelegenheit und jeden anderen Umstand wahrnehmen, durch Beobachtung der Eigenthümlichkeiten Gewohnheiten und Vorliebe der Thiere, seinen Nutzen davon zu ziehen. Wie erfolgreich ich die Fasanenpflege nach der vorangegebenen Methode handhabe, möchte das Resultat einer Jagd am 7. December 1857 bekunden, wo von 12 hohen Herren in 5 Stunden 676 Fasanen, 101 Hasen, 5 Füchse erlegt wurden. Hiervon erlegten Seine Königl. Hoheit der Prinz Friedrich Karl allein 207 Fasanen, 8 Hasen, 1 Fuchs. Es war ein erfreulicher Anblick, die Strecke zu sehen und eine Lust die Kanonade anzuhören, wo allein auf Fasanen gegen 2000 Schüsse fielen. Man hat mir denn auch die Ehre erwiesen, diese Fasanerie die beste in Deutschland zu nennen, und die allerhöchste Ehre, welche wohl meinen Bestrebungen wiederfahren konnte, ist die, daß Seine Majestät, unser allergnädigster König, die Königlichen Prinzen, Seine Königliche Hoheit, der Großherzog von Mecklenburg und andere hohe Herren seit mehreren Jahren die hiesige Fasanenjagd alljährlich besuchen und ein großes Vergnügen daran finden.

Die Resultate der Jagd sind nun natürlich je nach den äußeren Umständen verschieden. Wieviel geschossen werden können, richtet sich nach dem Verhältnisse der Hähne zu den Hühnern.

Zu 8 Hühnern gehört mindestens ein Hahn, besser ist es, wenn auf 6 ein solcher kommt. Aber mehr Hähne zu halten, ist nicht gut, weil sie die Hühner in der Brutzeit zu sehr stören und auch auswandern.

Es bleibt mir noch übrig zu erwähnen, daß an all' den gemachten Erfahrungen ich weniger Verdienste habe, und es drängt sich mir das Bedürfniß auf, bei dieser Gelegenheit meinem Herrn Vorgesetzten, dem Herrn von Jagow auf Gr. Aulosen meinen innigsten Dank dafür auszusprechen, daß er mich gewähren ließ, und diesem Herrn gebührt somit das erste Verdienst an allen Erfahrungen. Ich würde zu Nichts haben kommen können, wenn man mich nicht hätte frei schalten und walten lassen, mir nicht unbedingtes Vertrauen geschenkt und durch eine gute Stellung mir nicht die Mittel, Erfahrungen zu sammeln, gewährt hätte. Aber nicht das allein, sondern ich habe mich stets einer so liebevollen Behandlung zu erfreuen gehabt, wogegen ich es mir schon bei Antritt meiner Dienstzeit zur strengen Pflicht gemacht, die äußersten Kräfte aufzubieten, mit treuer Liebe und Dankbarkeit zu dienen. Der Segen ist nicht ausgeblieben! Darum wacht und folgt Ihr Herren Waldbesitzer dem Beispiele des Herrn von Jagow, der Segen, der diese Arbeiten begleitet, kommt Euch zum Nutzen! Ein Forstmann muß selbst denken und frei handeln können, wenn er Euch wahrhaft nützen soll; denn bei größerer Verantwortlichkeit wächst die Lust und Liebe zu Fache und fast Jeder sucht dann in Treue und Eifer seinen Pflichten nachzukommen.

Empfehlenswerthe

Forstwissenschaftliche Werke

der

Verlagsbuchhandlung von Julius Springer

in

Berlin N.,

Monbijouplatz 3.

Ausgegeben Juli 1875.

Zu beziehen durch jede Buchhandlung.

erzeugungs- und Holzverbrauchs-Verhältnisse in den Absatzgebieten der deutschen Waldungen. Auf dieser Grundlage kann man dann offenbar die Nachhaltigkeit des Wald-Rein-Ertrags sorgfältig — von den Schwankungen der Holzpreise unbeeinträchtigt — sicherstellen. Dabei sind, wie der Verfasser unausgesetzt betont, in vollem Maße die Bedingungen und Eigenthümlichkeiten der forstlichen Praxis zu würdigen. Die schablonenmäßige Nutzungs-Vertheilung, die Wirthschaftsordnung nach abstracten Voraussetzungen ist ebenso fern zu halten, als die Benutzung der Ertragskräfte nach Gutdünken und Muthmaßung. Man wird die Tendenz der Schrift hiernach beurtheilen können. Man wird den Inhalt derselben um so weniger mit den (viel geschmähten, aber dennoch bahnbrechenden und darum verdienstvollen) „Preßler'schen Wirthschaftsregeln" identificiren, als der fundamentalen Richtigkeit der Preßler'schen Grundanschauungen wohlbegründete Zweifel in Hinblick auf alle, nicht geradezu ideale Bestockungs- und Nutzungs-Verhältnisse gegenübergestellt werden.

Die Schrift unterbreitet dem Urtheil der Fachmänner im Speciellen eine Reihe von neuen Vorschlägen. Grundlegend für die Ertrags-Ordnung ist die Bemessung der gegenseitigen Gebrauchs-Werthe der Walderzeugnisse; die Ertrags-Berechnungen und Nutzungs-Nachweisungen werden — statt nach Festmetern ꝛc. — nach Werthmetern ausgedrückt. Neben der Bonitirung der Hochwaldbestände nach dem Massen-Durchschnitt-Zuwachs ist gelegentlich der Ertrags-Regelung eine besondere forststatische Ermittelung der örtlichen Wachsthumsgesetze vorzunehmen, für welche eine eigenartige Methode (Vergleichung der Zuwachsleistungen der vorgewachsenen Stämme in den älteren und jüngeren regelmäßigen Hochwaldbeständen) angegeben wird. Die örtlichen Untersuchungen werden ergänzt durch die weitgehende statistische Erforschung der Productions- und Consumtions-Verhältnisse im Absatz-Gebiet. Auf der hierdurch gewonnenen Basis sind die forstwirthschaftlichen Zielpuncte festzustellen. Dabei ist vor Allem die Bemessung und örtliche Vertheilung der hauptsächlichen Productions-Richtungen wichtig; die Darstellung des Verfahrens ist durch eine statistische Vergleichung der Nutzholz- und Brennholz-Erzeugung in Deutschland mit dem Nutzholz-, Brennholz- und Kohlen-Verbrauch im Ganzen und Einzelnen illustrirt worden, die schon in dieser aphoristischen Dürftigkeit sehr ernste Erwägungen bei allen denkenden Forstwirthen erwecken wird. Zur Feststellung der Verzinsungs-Forderungen sind zunächst die concreten Renten-Unterschiede, die mit der Wahl verschiedener Umtriebszeiten verbunden sind, zu bestimmen; der Zinsen-Ertrag, der von der höheren Umtriebszeit geliefert werden würde, ist zu vergleichen mit dem nachhaltigen Zinsen-Ertrag, der durch die Anlage dieser Renten-Differenz außerhalb des Waldes erzielt werden kann. Dieses Verhalten wird ausgedrückt durch die Berechnung der „Wald-Erwartungs-Werthe" für die wahlfähigen Wirthschaftsprojecte und die verschiedenen Prozentsätze. Man bestimmt dadurch den Unternehmer-Gewinn, welcher zwischen diesen Bewirthschaftungs-Arten obwaltet. Aber diese ziffermäßigen Ergebnisse sind nicht direct maßgebend. Die berechnete Größe des Unternehmer-Gewinns ist im Vergleich mit den wirthschaftlichen Folgen der betreffenden Projecte und einer etwaigen Gefährdung der Absatzfähigkeit der zugehörigen Productions-Menge eingehend zu würdigen.

Als Leitfaden bei Aufstellung der Wirthschaftsregeln ist anhangsweise eine gedrängte Darstellung der bewährtesten Waldbau-Regeln beigegeben worden, die für Fachkundige lesenswerth und den Waldbesitzern, Empirikern ꝛc. eine willkommene Gabe sein wird.

Die Schrift behandelt, wie diese kurze Inhalts-Angabe zeigt, die Kernpuncte und Lebensfragen der forstlichen Technik. Es existirt, unseres Wissens, in der forstlichen Literatur keine Anweisung zur Rentabilitäts-Wirthschaft, welche gleich ausgedehnten und vielseitigen Erfahrungen entstammt.

Zeitschrift für Forst- und Jagdwesen.

Zugleich

Organ für forstliches Versuchswesen.

Herausgegeben

in Verbindung mit den Lehrern der Forstakademie zu Neustadt-Eberswalde, mehreren Forstmännern und Gelehrten, sowie nach amtlichen Mittheilungen

von

Bernhard Danckelmann,

Königl. Preuß. Oberforstmeister und Director der Forstakademie zu Neustadt-Eberswalde.

Mit dem

Jahrbuch der Preußischen Forst- und Jagdgesetzgebung und Verwaltung.

Die Zeitschrift erscheint seit dem Jahre 1868 mit dem Jahrbuch in zwanglosen Heften von 8—12 Druckbogen wissenschaftlichen Materials und 3—4 Bogen Jahrbuch. 2—4 Hefte bilden je einen Band der Zeitschrift und des Jahrbuches mit besonderer Paginirung in jedem der beiden Theile. Preis pro Heft 4—6 Mark.

Die Zeitschrift für Forst- und Jagdwesen hat es sich zur Aufgabe gestellt, die das Gebiet des Forst- und Jagdwesens berührenden Erscheinungen in der Literatur mitzutheilen und einer sachlichen Kritik zu unterziehen, —

die Fortschritte der Wissenschaften, welche zum Forstwesen gehören oder in Beziehung stehen, zu erörtern und zu verbreiten, —

die Ergebnisse der Arbeiten auf dem Gebiete des forstlichen Versuchswesens, sowie neue Beobachtungen und Erfahrungen, welche die forstliche Praxis liefert, zu veröffentlichen, —

forstlich oder jagdlich bemerkenswerthe Thatsachen, Zustände und Begebenheiten aus Vergangenheit und Gegenwart zur öffentlichen Kenntniß zu bringen, —

der Verwaltung und Gesetzgebung in ihren Maaßregeln und Ergebnissen zu folgen, —

bewährten Einrichtungen Verbreitung, wünschenswerthen Verbesserungen Eingang zu verschaffen.

Nach allen diesen Richtungen hin beschränkt sich der Gesichtskreis der Zeitschrift nicht auf die Verhältnisse des Preußischen Staats und Deutschlands, sondern sucht auch das Gute und Brauchbare, was außerhalb Deutschlands geleistet wird und entweder der Forstwissenschaft im Allgemeinen zur Förderung gereicht oder eine Anwendung auf die vaterländischen Verhältnisse gestattet, zu ermitteln und darzustellen.

Zum Gebrauche für die Preußischen Forstbeamten wird ferner in einem besonderen Theile unter dem Titel **Jahrbuch der Preußischen Forst- und Jagd-Gesetzgebung und Verwaltung** eine Zusammenstellung der Gesetze, Verwaltungs-Erlasse und Landtags-Verhandlungen gegeben, welche sich auf das Preußische Forstwesen beziehen. Auch die Arbeitspläne für das forstliche Versuchswesen werden in dem Jahrbuche veröffentlicht.

Im Anschlusse an die amtlichen Verordnungen wird schließlich eine fortlaufende Uebersicht der Personal-Veränderungen geliefert, welche in dem Verwaltungs-Personale der Preußischen Staatsforsten vor sich gehen.

GPSR Compliance

The European Union's (EU) General Product Safety Regulation (GPSR) is a set of rules that requires consumer products to be safe and our obligations to ensure this.

If you have any concerns about our products, you can contact us on ProductSafety@springernature.com

In case Publisher is established outside the EU, the EU authorized representative is:

Springer Nature Customer Service Center GmbH
Europaplatz 3
69115 Heidelberg, Germany

Batch number: 10845482

Printed by Printforce, the Netherlands